过渡金属催化反应机理研究

霍瑞萍 著

中国原子能出版社

图书在版编目（CIP）数据

过渡金属催化反应机理研究 / 霍瑞萍著. -- 北京 ：

中国原子能出版社, 2024. 12. -- ISBN 978-7-5221

-3970-8

Ⅰ. TQ426.8

中国国家版本馆 CIP 数据核字第 20248VN710 号

过渡金属催化反应机理研究

出版发行	中国原子能出版社（北京市海淀区阜成路 43 号　100048）
责任编辑	白皎玮　陈佳艺
装帧设计	邢　锐
责任校对	刘　铭
责任印制	赵　明
印　　刷	炫彩（天津）印刷有限责任公司
经　　销	全国新华书店
开　　本	787 mm×1092 mm　1/16
印　　张	8.25
字　　数	125 千字
版　　次	2024 年 12 月第 1 版　2024 年 12 月第 1 次印刷
书　　号	ISBN 978-7-5221-3970-8　　　定　价　92.00 元

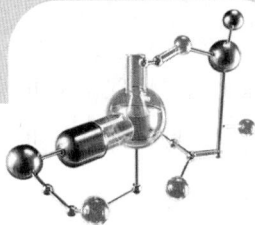

前　言

过渡金属的催化作用对合成化学产生了深远的影响，使化学家能够高效、有选择性地构建化学键。过渡金属配合物作为一种绿色、高效的催化剂，在有机反应过程中起到了很好的催化作用。钌、铑、钯、铱等贵金属催化剂在过渡金属催化反应中起主导作用。但当前，人类正面临着贵金属资源逐渐枯竭的危机，社会的可持续发展战略要求开发更经济、更环保、更高效的催化剂。铁、锰、铜等过渡金属具有来源丰富、价格低廉等优点，有潜力成为贵金属催化剂的替代品。

反应机理的阐释是有机化学研究的重要内容之一。作为机理研究的一部分，往往需要知道某一特定键的形成或者断裂是否包含在反应的决速步中，而解决这个问题的有效手段之一是采用量子力学方法。本书主要介绍了运用密度泛函理论研究 Ru、Fe、Mn 等过渡金属催化有机反应的机理。通过理论计算揭示过渡金属催化有机反应的完整机理，探讨合成化学中影响催化反应的关键因素。进一步探索过渡金属催化的新型反应体系，令有机反应原子效率更高，生产成本更低，反应条件更为简单易行、环境友好，从而更加符合绿色化学和可持续发展的需求，也能更好地满足工业生产的需要。量子化学角度的深入研究不仅可以揭示催化反应的微观机理，而且还可以从配体、底物分子的氢键等方面总结规律，探索体系中反应快、条件温和、效率高的根源所在。并且，在原子分子水平深入理解催化过程的基础上，提炼出反应过程中控制反应效率和特

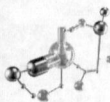

征的关键要素，为设计和合成新型"绿色"催化剂提供理论依据。这无论在科学认识、指导实验上，还是在可再生资源等应用领域中都具有重大意义。

本书共分 7 章，各章节内容如下。

第 1 章是对理论基础计算方法的介绍，包括从头计算方法及三个近似、密度泛函理论、溶剂化效应、自然键轨道理论、电子相关问题等。

第 2 章是对钌催化芳基甲基腈与醇 α-烷基化反应机理的研究。通过 SMD-M06-2X/6-311G(d,p)-LANL2dz 方法，对芳基甲基腈（苯乙腈）在甲苯中与醇类的 α-烷基化反应进行了广泛研究，提出并讨论了详细的机理方案。

第 3 章是对钌催化的苯甲腈氢化反应机理的理论研究。采用 DFT 方法研究了钌催化苯甲腈加氢反应的机理。

第 4 章是对铁催化腈类化合物选择性氢化为仲胺的理论研究。使用密度泛函理论（DFT）中的 M06-2X 方法计算研究了过渡金属铁配合物 [(iPr-PNP)Fe(H)Br(CO)] 催化腈类选择性氢化成仲胺反应的机理。从理论上揭示了过渡金属铁催化剂在催化还原反应中的新特性。

第 5 章是对锰催化下偶氮（N＝N）键氢化为胺反应机理的理论研究。利用 PBE0 泛函研究了过渡金属锰配合物 Mn(PhPNN)(CO)$_2$Br（CA-4）催化偶氮（N＝N）键氢化为胺反应的机理。通过电荷和轨道分析，详细分析了锰催化偶氮苯反应的机理。理论结果加深了对机理的理解，并充分解释了实验事实。

第 6 章是对锰催化苄基 C—H 键氟化反应的机理研究。采用密度泛函理论（Density Functional Theory，DFT），对锰催化剂 Mn^{III}(salene[①])F 作用下苄基 C—H 键氟化反应的机理进行了深入的理论研究。对该反应中涉及的重要中间体和过渡态的能量、Mulliken 电荷分布、前线分子轨道等进行了分析。

第 7 章通过密度泛函 M11 方法计算研究了叠氮异氰酸钌 [CpMe$_5$Ru(CNAr)$_2$N$_3$](Ar＝2,6-dimethylphenyl) 向氰胺钌配合物的转化机理。

本书中的资料来源于作者 2010—2013 年在吉林大学理论化学研究所读博期间和 2014—2024 年在太原师范学院工作期间所获得的知识和取得的部分成果。

---

① salene 代表一种多齿配体。

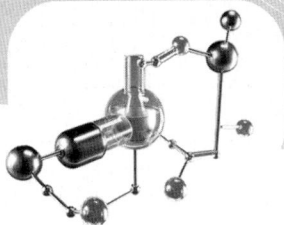

目　录

第 1 章　理论基础和计算方法 ·· 1

1.1　从头计算方法及三个近似 ·· 2

1.2　密度泛函理论 ·· 2

1.3　溶剂化效应 ·· 4

1.4　自然键轨道理论 ·· 4

1.5　电子相关问题 ·· 5

第 2 章　钌（Ⅱ）催化芳甲基腈与醇的 α-烷基化反应机理的理论研究 ········ 9

2.1　引言 ·· 9

2.2　计算细节 ·· 11

2.3　结果与讨论 ·· 12

2.4　结论 ·· 24

第 3 章　钌催化苯甲腈氢化反应机理的理论研究 ·························· 26

3.1　引言 ·· 26

3.2　计算细节 ·· 28

3.3　结果与讨论 ·· 28

3.4　结论 ·· 37

第 4 章　铁催化腈类化合物选择性氢化为仲胺的理论研究 ·················· 38

4.1　引言 ·· 38

4.2 计算细节 ……………………………………………… 41

4.3 结果和讨论 …………………………………………… 41

4.4 结论 …………………………………………………… 51

第 5 章 锰催化偶氮（N＝N）键氢化为胺反应机理的理论研究 …… 52

5.1 引言 …………………………………………………… 52

5.2 计算细节 ……………………………………………… 55

5.3 结果与讨论 …………………………………………… 56

5.4 结论 …………………………………………………… 69

第 6 章 锰催化苄基 C—H 键氟化反应机理的理论研究 ………… 71

6.1 引言 …………………………………………………… 71

6.2 计算方法 ……………………………………………… 73

6.3 结果与讨论 …………………………………………… 74

6.4 结论 …………………………………………………… 83

第 7 章 形成独特的夹心两性离子-钌络合物的理论研究 ……… 84

7.1 引言 …………………………………………………… 84

7.2 计算细节 ……………………………………………… 85

7.3 结果与讨论 …………………………………………… 86

7.4 结论 …………………………………………………… 94

参考文献 ………………………………………………… 96

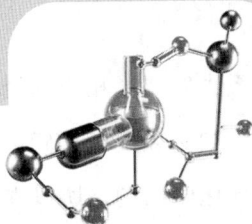

第1章 理论基础和计算方法

　　量子化学是用量子力学原理和方法研究原子、分子和晶体的电子层结构、化学键理论、分子间相互作用力、化学反应理论、各种光谱、波谱和电子能谱的理论，以及无机和有机化合物、生物大分子和各种功能材料的结构与性能关系的一门学科。1927 年，海特勒（Heitler）和伦敦（London）用量子力学基本原理研究讨论了氢分子的结构问题，解释了两个氢原子能够结合成一个稳定氢分子的原因，量子化学由此起源，到目前已发展成为一门独立的，同时也与化学各分支学科，以及物理、生物、计算数学等互相渗透的学科。自从 20 世纪 60 年代以来，随着量子化学从头计算方法的发展和大型电子计算机的应用，原子、分子和晶体的电子能级和电荷分布的计算，已经从量子化学专家们的研究对象扩展到为其他有关的科研工作者提供必要的信息数据的手段。

　　量子化学以量子力学为理论基础，以计算机为主要计算工具，主要通过计算来阐述物质（化合物、晶体、离子、过渡态、反应中间体等）的结构、性质、反应性能、反应机理等，研究物质的微观结构与宏观性质的关系，从而揭示物质和化学反应所具有的特性的内在本质及规律性[1-4]。近年来，量子化学计算方法有了很大进步，并且随着计算机科学的迅猛发展，量子化学所能计算的体系也越来越大，计算的精度也越来越高。对小分子体系，可以进行精确的结构优化，可以在理论上预测反应的能垒、振动频率等参数，并可

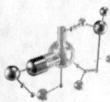

以得到理论上的热力学函数。对于大分子体系也发展了相应的经验和半经验的量子化学计算方法。要获得好的理论结果，则必须要有正确可靠的计算方法。因为要用量子化学计算出来的结果去解释化学问题，所以本章将对本书中所使用的计算方法进行简单的介绍。

1.1 从头计算方法及三个近似

量子化学研究的一些电子原子核体系可用相应的薛定谔方程解的波函数来描述，引用一些近似方法可以将薛定谔方程简化为可解的形式，这种引用近似而不引用任何实验参数的方法称为从头计算（ab initio calculation）方法[5]。从头计算方法，是计算体系全部分子积分，而求解薛定谔方程的全电子计算方法是在解薛定谔方程时除了引入了物理模型三个基本近似（非相对论近似、Born-Oppehneimer 近似和轨道近似）与数学上应用变分或微扰法外，不再引入其他任何经验参数。它在分子轨道理论基础上，仅利用了普朗克常数、电子静止质量和电量这三个基本物理常数（不再借助其他经验参数）来计算全部电子的分子积分，达到求解量子力学薛定谔方程的目的。由于理论上的严格性和计算结果的可靠性，使它在各种量子化学计算方法中居于主导地位。从头计算得到各类体系（原子、分子、离子、原子簇等）的电子运动状态及其有关的微观信息，能合理地解释与预测原子间的键合、分子的结构、化学反应的过程、物质的性质，以及有关的实验观测结果。

1.2 密度泛函理论

密度泛函理论（Density Functional Theory，DFT）是一种研究多电子体系电子结构的量子力学方法，是在 Hartree-Fock（HF）理论中通过对电子动能和势能的平均化处理，借助变分法或数值方法得到薛定谔方程的近似解[6-8]。密度泛函理论在物理和化学上都有着广泛的应用，特别是用来研究分子和凝聚

态的性质，是凝聚态物理和计算化学领域最常用的方法之一。20 世纪 80 年代末，物理学家们对密度泛函理论进行了改进，使其变得更加精确。1992 年，波普将改进了的 DFT 理论添加到被化学家们广泛使用的计算机程序高斯（Gaussian）上，使化学家们研究分子结构和化学反应的精度和速度大幅提高。DFT 理论的基本原理是体系的基态能量是由电子密度唯一确定的，其基本方程为 Kohn-Sham 方程[9-10]，它与 HF 方程在形式上一样，只是用交换相关泛函代替了 HF 的交换部分。如果可以确定它的精确泛函的话，在原理上是可以精确计算的。但是，由于其泛函没有一套系统的方法来逼近精确泛函，因此，必须通过经验来确定泛函，这就是 DFT 近似的根源。因为在分子体系中，电子密度在各个空间点是不同的，本书认为在小区域中电子密度是常数值，就是一种近似，零级近似。零级近似是交换相关泛函仅是电子局域密度的函数。这种局域密度近似计算出来的键长比实验值都要短，因此为了改进它，交换相关泛函不仅是局域密度的函数，还是局域密度电子空间变化趋势，即密度梯度的函数，这样，分子结构的计算就被改进了。

　　现在存在不同形式的泛函，适用于不同的体系。常用的有 B3LYP，它属于杂化泛函。另外还有 BLYP、PBE 等。这些泛函都包含几个经验参数，它是在函数形式确定的情况下，用小分子来拟合这些函数形式的系数，然后把这些公式应用于所有体系。因此，在选择这些泛函时必须特别注意，要选择最适合于自己所研究体系和性质的泛函，在用某个泛函得到结果后，与实验结果进行比对，找到和实验结果吻合最好的方法。另外，就是采用以前文献中研究此类似体系所使用的泛函。比较对密度泛函和从头计算法可知，从时间上，对于大的体系，DFT 耗时比传统的 HF 从头计算要少 1～2 个数量级；在精度上，DFT 考虑了电子相关作用，其能量计算结果与 HF＋MP2 水平的从头计算相当。但是其可靠性必须经过实验结果的验证，而 HF＋MP2 基本不需要验证，结果相当可靠，甚至可以推翻实验结果。当然在计算量上，DFT 仅相当于 HF 的计算量，远远小于 MP2 的计算量。

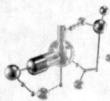

1.3　溶剂化效应

大多数化学反应都是在溶液中进行的，溶剂的性质对溶质分子的构象、电子结构、反应机理、反应速率、反应平衡等都有非常重要的影响。学者们很早就开始关注溶剂效应对反应的影响，目前计算化学研究溶剂效应的方法中，自洽反应场（SCRF）方法因明显减少所研究体系的自由度，能够方便、准确地处理长程静电相互作用体系等优势而被广泛地应用。SCRF 方法是将溶剂分子看作连续介质，介质在溶质分子作用下发生极化并形成一个场，这个场又反过来使溶质进一步极化，最终达到自洽。溶剂化效应有很多理论模型，如 Onsager、PCM、IPCM、SCI-PCM 等。目前基于连续介质模型的计算方法已经发展得相当成熟，其中经常用到的是极化连续介质模型（Polarized Continuum Model，PCM）[11-13]。这个方法是对溶质电荷密度进行数值积分，在处理的过程中存在几种不同的方法，并且每一种方法都使用了一非球形孔穴来处理。此方法对任意的溶质通常都能得到较好的结果，因此被广泛采用。

1.4　自然键轨道理论

1955 年，LÖwdin 首次提出自然轨道的概念[14]。他提出一组自然轨道组成一个单电子基函数，并由此基函数构成 N 粒子体系的电子组态，这样就实现在 CI 展开时用相对于正则 Hartree-Fock 轨道基更少的组态。Weinhold 和 Reed 等在此基础上加以扩展，系统地提出了自然自旋轨道、自然键轨道、自然杂化轨道等概念，并发展成为一套理论，即自然键轨道理论（Natural Bond Orbital，NBO）[15-19]。NBO 理论用单粒子密度矩阵来研究多原子波函数及其成键行为。它把正则的多中心分子轨道变换为类似于 Lewis 类型的核、成键（σ和 π）及孤对电子（L）轨道的一组正则的单中心和双中心定域轨道，以及少量的占据反键（σ*和 π*）及 Rydberg 轨道。由于电荷转移相互作用所产生的稳定化能用二阶微扰分析来估算，标记为 $E(2)$，定义如下

$$E(2) = \Delta E_{ij} = q_i \frac{F(i,j)^2}{\varepsilon_j - \varepsilon_i} \tag{1-1}$$

式中，q_i 表示电子供体的轨道占据数；ε_j 和 ε_i 表示矩阵对角元，分别对应于电子受体和供体的轨道能量；$F(i,j)$ 表示自然键轨道 Fock 矩阵中的非对角元。$E(2)$ 能较确切地描述作为分子结构基本单元的定域键和孤对电子的情况，其大小直接反映了电子供体和受体之间作用的强弱。

NBO 理论分析通过自然集居数分析，自然杂化轨道分析，以及电子供体和受体之间电子转移模型分析，可以很明确地给出原子间成键类型，分子轨道构成及其相互作用情况。通过 NBO 分析，很容易找出所计算分子中的原子集居数，各种分子轨道的类型、构成及分子内、分子间超共轭相互作用。

1.5　电子相关问题

在 Hartree-Fock（HF）理论的自洽场方法中考虑了粒子间平均相互作用，但没有考虑电子之间的瞬时相关。处理这一电子相关问题的方法被称为电子相关方法或后自洽场（Post-SCF）方法，其中包括组态相互作用理论（CI）、偶合簇理论（CC）、微扰理论（MP）等。

1.5.1　电子相关能

单组态自洽场方法没有考虑电子的 Coulomb 相关，在计算能量时过高地估计了两电子相互接近的几率，使计算出的电子排斥能过高，求得体系总能量比实际值要高。电子相关能就是指 HF 能量的这种偏差。电子相关能一般用 LÖwdin 的定义，即指定一个 Hamilton 量的某个本征态的电子相

关能，是指该 Hamilton 量状态的精确本征值和它的限制性的 HF 极限期望值之差[20]。

相关能反映了独立粒子模型的偏差，Hamilton 算符的精确度等级不同，相关能也不同。目前许多自洽场计算中实际上未求得 HF 极限能量值，而且 Hamilton 量的精确本征值是由实验值减去相对论校正后得到的，不进行精确相对论校正而给出的相关能也是一种近似值。电子相关能在体系总能量中占的比例为 0.3%～1%，因此 HF 方法就其总能量的相对误差来看，应该说是一种相当好的近似，但在研究电子激发、反应途径（势能面）、分子离解等过程时，由于相关能的数值与一般化学过程中反应热或活化能具有相同的数量级，所以必须在 HF 基础上考虑电子相关能。

1.5.2　组态相互作用

组态相互作用（Configuration Interaction，CI）是最早提出的计算电子相关能的方法之一[21-24]。从一组在 Fock 空间完备的单电子基函数 $\{\Psi_k(x)\}$ 出发，可造出一个完备的行列式函数集合 $\{\Phi_k\}$

$$\Phi_k = (N!)^{-1/2} |\Psi_{k_1}(x_1)\Psi_{k_2}(x_2)\cdots\Psi_{k_N}(x_N)| \tag{1-2}$$

任何多电子波函数都可以用它来展开。一般 $\{\Psi_k(x)\}$ 称为轨道空间，$\{\Phi_k\}$ 称为组态空间。在组态相互作用（CI）方法中，将多电子波函数近似展开为有限个行列式波函数的线性组合（CI 展开）

$$\begin{aligned}\Psi &= \sum_{s=0}^{M} C_s \Phi_s \\ &= \Phi_0 + \sum_a\sum_i c_i^a \Phi_i^a + \sum_{a,b}\sum_{i,j} c_{ij}^{ab}\Phi_{ij}^{ab} + \sum_{a,b,c}\sum_{i,j,k} c_{ijk}^{abc}\Phi_{ijk}^{abc} + \cdots\end{aligned} \tag{1-3}$$

并按照变分法确定系数 C_s，即选取 C_s 使体系能量取极小值，得到广义本征值方程

$$Hc = ScE \tag{1-4}$$

式中，$H_{st} = \langle\Phi_s|\hat{H}|\Phi_t\rangle$，$S_{st} = \langle\Phi_s|\Phi_t\rangle$，$c$ 为系数矩阵，满足以下条件

$$c_p^H S c_q = \sum_{s,t} c_{sp} S_{st} c_{tq} = \delta_{pq} \qquad (1\text{-}5)$$

若 $\{\varPhi_s\}$ 为正交归一集合，则以上两式变为

$$Hc = cE \qquad c_p^H c_q = \delta_{pq} \qquad (1\text{-}6)$$

组态相互作用（CI）方法中 $\varPhi_s$ 称为组态函数，简称组态。它是一种行列式函数，为提高计算效率，一般让它满足一定的对称性条件，如自旋匹配、对称匹配等。完全的 CI 计算能给出精确的能量上界，而且计算出的能量具有广延量的性质，即"大小一致性"。然而，由于 CI 展开式收敛慢且考虑多电子激发时组态数增加很快，通常只能考虑有限的激发，如 CISD 表示考虑了单、双电子激发。这种截断的 CI 计算不具有大小一致性。Pople 等通过在 CI 方程中引入新的项从而使非完全 CI 计算具有大小一致性，新项以二次项出现，该方法就称为大规模组态相互作用（Quadratic Configuration Interaction，QCI）方法[25]。QCISD 方法除避免了 CISD 中的大小不一致性外，还包含了更高级别的电子相关能。

对于平衡几何构型的闭壳层组态分子，HF 解是体系相当好的近似，可把体系的 HF 波函数作为 CI 展开式的第一项，它占比重很大，其余各项起小的修正作用。通常把若干较重要（如展开系数在 0.1 以上）的项称为组态函数（Configuration Sate Functions）或参考组态函数，由它们张成的空间称参考组态空间。从 CI 观点看，HF 波函数局限性在于它仅取了精确波函数近似展开式中的首项，而完全的展开是应该有无限项的。

对于体系有几个对称性相同的组态函数近乎简并时将导致 HF 方法完全失效，这称为非动态相关效应或一级组态相互作用。处理非动态相关效应的最有效方法是多组态自洽场（MCSCF）方法[26-29]。在一般的 CI 方法中，$\varPhi_s$ 是预先确定的，通过变分求线性展开系数；而传统的 HF 方法只取第一项，而让 $\varPhi_0$ 中的分子轨道变分使总能量取最小值。MCSCF 方法是将这两种方法结合起来，把总能量同时作为组态展开系数和分子轨道的泛函变分求极值。

1.5.3　全活化空间自洽场 CASSCF

全活化空间自洽场（Complete Active Space Self-Consistent Field，CASSCF)，是结合 SCF 和全组态相互作用计算包括一套轨道子集又称多组态自洽场（Multi Configuration Self-Consistent Field，MCSCF）[30-32]。考虑组态相互作用的轨道称为活化空间。同 CIS 相似，也是一种描述电子激发态的方法。对基态的计算也考虑了多组态作用。CASPT2 是在 CASSCF 基础上的（MP2）单点计算，考虑了动态相关能。

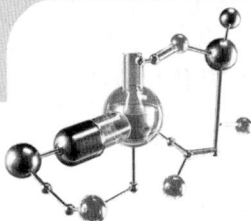

第2章 钌（Ⅱ）催化芳甲基腈与醇的 α-烷基化反应机理的理论研究

2.1 引　言

烷基化反应可形成 C—C 键，从经济和环境角度来看，C—C 键的构筑是有机化学的核心内容之一，因为它是有机化合物形成和转化的基础[33-37]。然而，传统的烷基化反应需要使用强碱、烷基卤化物、化学氧化剂、过高的温度或过氧化物，这些反应也会产生废盐[38-42]。用醇直接催化烷基化反应是原子经济性的，而且对环境无害，唯一的副产物是水[43-46]，一般称为"借氢"，也称为"氢自转移"方法[47-48]。涉及通过借氢途径进行 C—C 形成的关键反应包括腈和酮的 α-烷基化反应（见图 2-1）。1981 年，Grigg 等报道了过渡金属钌促进芳基乙腈与醇的 α-烷基化反应[49]。随后，该小组报道了在铱络合物催化剂催化下，芳基乙腈与醇进行高效无溶剂选择性反应[50]。接下来，其他过渡金属 Ru[51-56]、Rh[57-59]、Os[60]、Pd[61]、Fe[46]和 Mn[62]也被证明是高效的催化剂。2013 年，Fukuyama 等报道了利用伯醇催化乙腈烷基化反应，通过[RuHCl(CO)(PPh$_3$)$_3$]催化剂合成了烷基化腈类化合物[51]。2015 年，Li 科研小组[57]报道了用铑络合物[Rh(cod)Cl]$_2$/三苯基膦/氢氧化钾利用芳基乙腈和醇合成 α-烷基芳基乙酰胺的方法。同年，Esteruelas 等报道了一种锇（Ⅱ）半夹心络合物催化苄醇烷基化苄基腈的方法[60]。2017 年，Thiyagarajan 和 Gunanathan

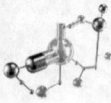

报道了钌（Ⅱ）催化酒精对芳基甲基腈的 α-烷基化反应[56]。这些绿色催化转化都遵循借氢策略的原理。

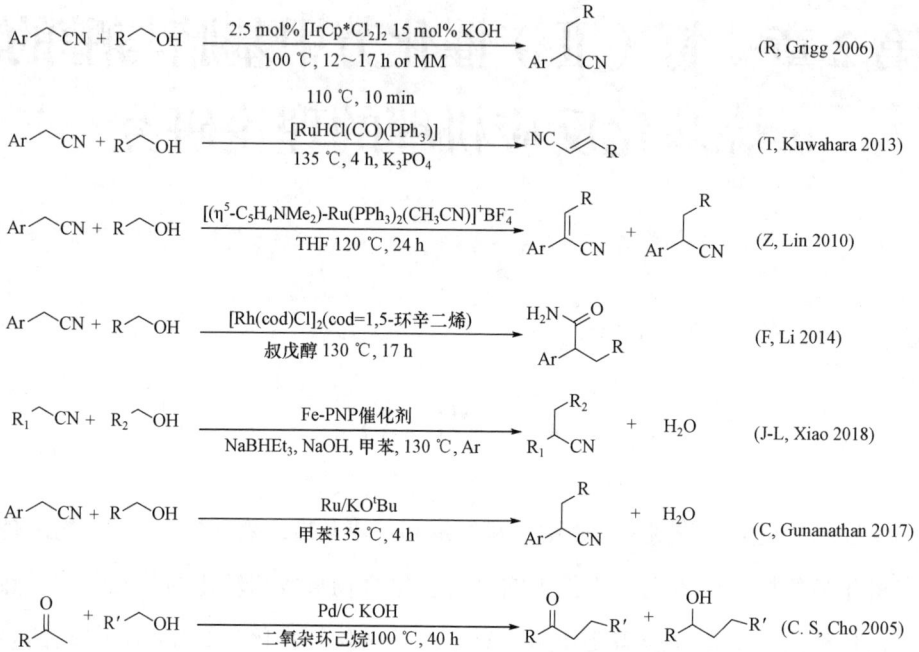

Ar～CN + R～OH　$\xrightarrow[100\ ℃,\ 12\sim17\ h\ or\ MM]{2.5\ mol\%\ [IrCp*Cl_2]_2\ 15\ mol\%\ KOH}$　Ar～CN(R)　(R, Grigg 2006)

110 ℃, 10 min

Ar～CN + R～OH　$\xrightarrow[135\ ℃,\ 4\ h,\ K_3PO_4]{[RuHCl(CO)(PPh_3)]}$　NC～R　(T, Kuwahara 2013)

Ar～CN + R～OH　$\xrightarrow[THF\ 120\ ℃,\ 24\ h]{[(\eta^5\text{-}C_5H_4NMe_2)\text{-}Ru(PPh_3)_2(CH_3CN)]^+BF_4^-}$　　(Z, Lin 2010)

Ar～CN + R～OH　$\xrightarrow[叔戊醇\ 130\ ℃,\ 17\ h]{[Rh(cod)Cl]_2(cod=1,5\text{-}环辛二烯)}$　(F, Li 2014)

R_1～CN + R_2～OH　$\xrightarrow[NaBHEt_3,\ NaOH,\ 甲苯,\ 130\ ℃,\ Ar]{Fe\text{-}PNP催化剂}$　+ H_2O　(J-L, Xiao 2018)

Ar～CN + R～OH　$\xrightarrow[甲苯135\ ℃,\ 4\ h]{Ru/KO^tBu}$　+ H_2O　(C, Gunanathan 2017)

R～CO～ + R'～OH　$\xrightarrow[二氧杂环己烷100\ ℃,\ 40\ h]{Pd/C\ KOH}$　+ 　(C. S, Cho 2005)

图 2-1　醇与腈进行 α-烷基化反应

关于 Mn 催化和 Ru 催化胺与醇偶联的理论研究已有多篇报道。2019 年，Poater 等使用密度泛函理论 BP86 方法计算了钳形锰催化剂偶联醇和胺生成醛亚胺的机理[63]。Azofra 和 Cavallo 报道了使用 ωB97XD 泛函计算 Mn（Ⅰ）-PNN 配合物催化下的 Claisen-Tishchenko 缩合反应机理[64]。Milsteinet 等报道了使用 BP86-D3 方法研究钳形配合物(iPr-PNHP)Mn(H)(CO)$_2$ 催化下甲醇对胺的 N-甲酰化的机理研究[65]。Cavallo 等报道了通过无受体脱氢氢自转移催化的锰催化多组分合成吡咯[66]。Poater 等报道了使用 BP86 泛函计算夹心锰催化作用下，醇和胺生成亚胺的机理[67]。Wang 等通过 TPSSTPSS 方法进行理论计算，探讨了钳形配合物直接从醇和胺合成酰胺中的催化作用[68]。2019 年，Liu 等采用 B3LYP 方法研究了 Ru 催化或无催化作用下醇和胺无受体脱氢偶联反应机

理[69]。然而，[(PNPPh)RuHCl(CO)]选择性活化乙腈的机理尚未见报道。在实验研究的基础上，Thiyagarajan 和 Gunanathan 提出了 [(PNPPh)RuHCl(CO)]催化芳甲基腈选择性 α-烷基化的机理，从中可以获得一些有价值的信息[56]。对催化循环的机理进行彻底阐述，包括相关过渡态和短寿命中间体的表征，仅靠实验是几乎不可能的。因此，在本章中对以醇为甲基化试剂的钌（Ⅱ）催化芳基甲基腈的 α-烷基化机理进行了理论研究，并通过计算分析研究了这些过程的机理特征。基于密度泛函理论（DFT）获得了可能的中间体和过渡态结构和能量信息，为有机化学反应机理的研究提供了有力的帮助。这项研究不仅深入揭示了过渡金属钌促进芳基乙腈 α-烷基化反应的机理，而且在一定程度上为进一步实验研究提供了有价值的理论线索。

2.2　计算细节

采用中等大小的反应物模型对钌催化芳基甲基腈的 α-烷基化反应进行了全面的理论研究。模型包括了本书中一些简单反应物：[(PNPPh)RuHCl(CO)]作为催化剂前体（PNP = 双(2-(二苯基膦)-乙基)胺，记为 IN1），苯乙腈和乙醇作为反应底物。所有 DFT 计算均使用高斯 09 软件包进行[70]。使用 M06-2X 混合函数[71]进行了结构优化和后续频率计算，并对 C、H、N、P 和 O 这些非金属原子使用了 6-311G(d,p)基组，对 Ru 使用了赝势基组 LANL2dZ。考虑甲苯的溶剂效应，所有类型的计算都采用了 Marenich 等提出的 SMD 溶剂模型[72]。所有稳定的物种都得到了完全优化，没有任何几何或对称限制，并通过振动分析确认为最小值（虚频为零）或一阶鞍点（只有一个虚频）。进行了内禀反应坐标（IRC）计算[73]，以确保每个过渡态都有相连的两个极小值。在以下章节中，除非另有说明，所有物种的相对稳定性都是通过在甲苯溶液中，标准状态（298.15 K 和 1 atm）下计算的相对吉布斯自由能来讨论的。优化后的结构由 UCSF Chimera 可视化软件绘制。

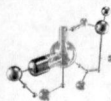

2.3 结果与讨论

在下面的讨论中，用 X 和 Y（X 或 Y＝1 到 22）来表示局部最小值，用 TSX/Y 来表示连接 X 和 Y 的过渡态。首先，验证了 Thiyagarajan 和 Gunanathan 提出的机理[56]。反应的最初步骤应该是催化剂前体 IN1 在碱的作用下消除一分子 KCl，形成 16 电子不饱和中间体 IN2（见图 2-2）。醇和芳基甲基腈可被 IN2 活化，最终得到芳基甲基腈的 α-烷基化产物。以 IN2 催化苯乙腈和乙醇的反应为例。为便于讨论，将整个机理分为三个部分：（1）IN2 催化乙醇－醛转化；（2）IN2 催化芳基甲基腈与醛缩合生成乙烯基腈 $PhC(CN)＝CHCH_3$；（3）$PhC(CN)＝CHCH_3$ 加氢生成 α-烷基化芳基甲基腈产物($PhCH(CH_2CH_3)CN$)。

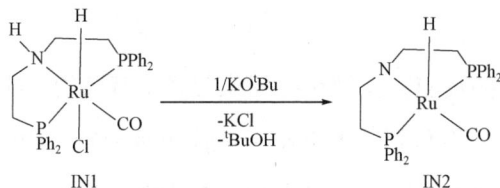

图 2-2 催化剂前体 IN1 在碱诱导下消除 KCl 形成 IN2

注：KO^tBu 为叔丁醇钾，^tBuOH 为叔丁醇

2.3.1 IN2–催化乙醇转为醛

IN2 催化乙醇－醛转化的机理示意图如图 2-3 所示，相应的能垒图如图 2-4 所示，该反应中涉及的各种中间体和过渡态的优化结构如图 2-5 所示。在这一部分中，研究了 IN2 催化乙醇到醛的转变。从图 2-3 中可以看出，乙醇通过 O^1 原子与 IN2 中的钌中心配位形成催化剂－乙醇络合物 IN3，然后 IN3 经历从 O^1 原子到氮原子的迁移生成中间体 IN4。从 IN2 到 IN3 再到 IN4，这两个步骤都是微弱的放热过程。从图 2-4 中可以看到，IN3 和 IN4 的相对能量分别为 3.8 和 －5.8 kcal/mol。同时，相对于 IN3，过渡态 TS3/4 的能垒只有

2.5 kcal/mol，这表明络合物 IN3 和 IN4 很容易形成，并能与 IN2＋EtOH 达到平衡。从图 2-5 中可以看出，在过渡态 TS3/4 中，形成的 N—H^1 键长为 1.303 Å，而断裂的 O^1—H^1 键长为 1.198 Å。从中间体 IN3 到 IN4 的过程中 N—H^1 键长从 1.699 Å 减小到 1.029 Å，而 O^1—H^1 键长从 1.012 Å 增加到 1.932 Å。中间体 IN4 可以通过氢原子从 C^1 原子到 O^1 原子的 1,2-氢迁移生成中间体 IN5（通过过渡态 TS4/5，能垒为 62.1 kcal/mol），然后 IN5 可以通过两种途径释放 CH$_3$CHO：（1）通过氢迁移过渡态 TS5/6 得到 CH$_3$CHO 和二氢络合物 IN6；（2）通过 TS5/2 再生出 IN2 并释放 CH$_3$CHO 和 H$_2$。

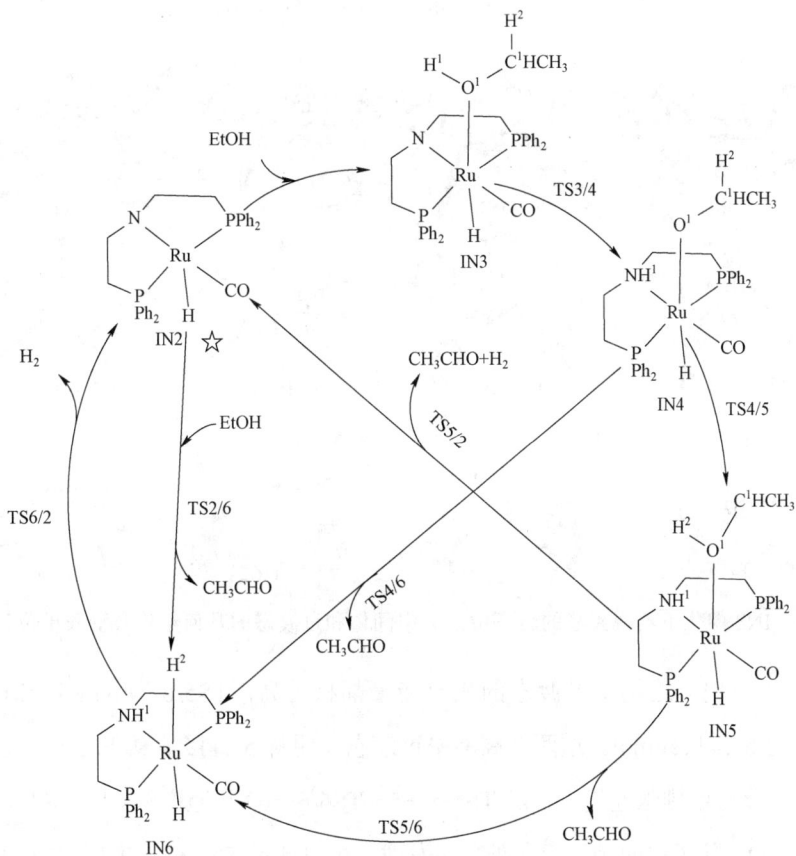

图 2-3　IN2 催化乙醇转为甲醛的机理

注：为方便表述，对部分原子赋予序号 H^1、H^2 等元素右上角数字表示原子的序号，本书余下同。

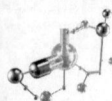

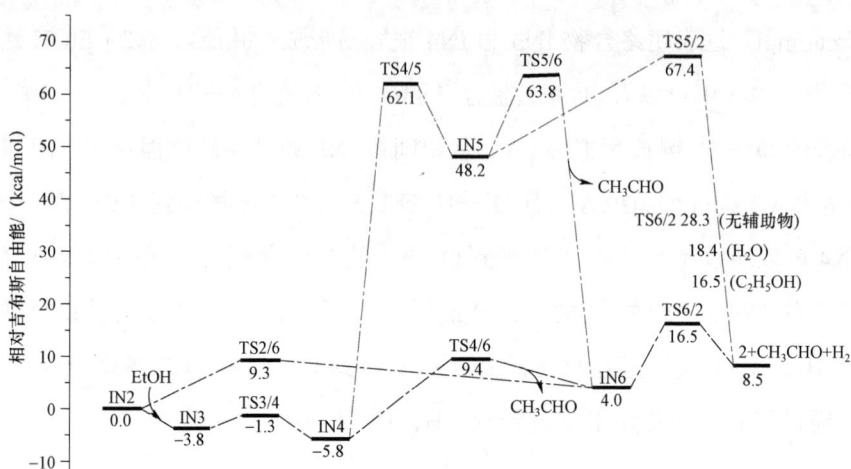

图 2-4　IN2 催化乙醇转为醛吉布斯自由能垒图

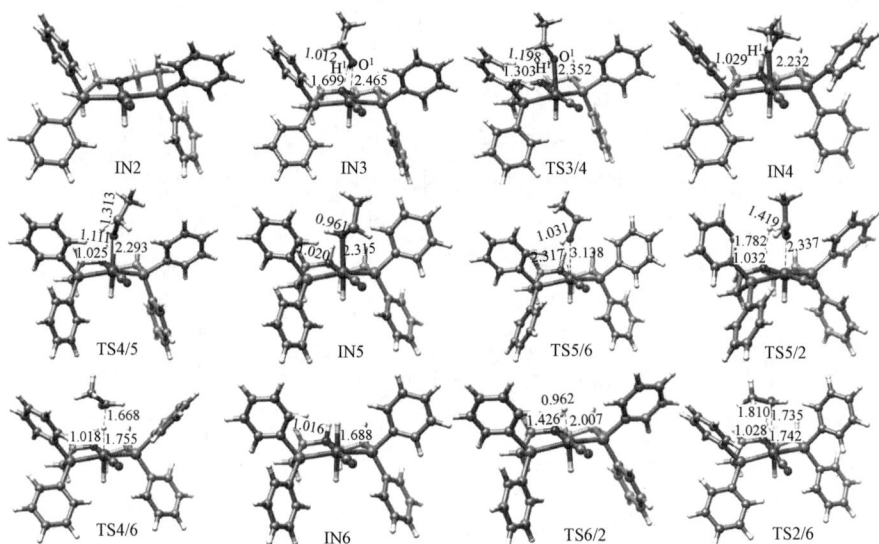

图 2-5　IN2 催化下乙醇到醛的转变中部分中间体和过渡态的几何结构（键长单位：Å）

可以看出，这两个过渡态的相对能量都相当高，TS5/6 为 63.8 kcal/mol，TS5/2 为 67.4 kcal/mol。这两个高能垒过渡态表明从 5 直接消氢在动力学上是不利的，因此可以排除通道一（4→TS4/5→5→TS5/6→6）和通道二（4→TS4/5→5→TS5/2→2）。除了这两种途径之外，还发现 4 可以通过 TS4/6 直接从 C^1 向 Ru 发生 H^2 迁移，同时 Ru—O^1 键断裂，释放出 CH_3CHO，生成二氢 Ru 络合物 IN6。相对于 IN4，这种途径只需克服 15.2 kcal/mol 的能垒，因此比涉及中间体 IN5

的两种途径更为有利。此外，IN2 与乙醇的配位可通过同时发生的双氢转移过渡态 TS2/6 形成 IN6。相对于 IN2 和乙醇，TS2/6 的势垒高度为 9.3 kcal/mol。因此，IN2→IN3→TS3/4→IN4→TS4/6→IN6 和 IN2→IN6 的途径应该是乙醇–甲醛转化过程中最具竞争力的途径。

值得注意的是，IN6 也是催化循环中的一个关键中间体，它可以在失去一个 H_2 分子后再生成 IN2，或直接参与后续反应。在乙醇或水的帮助下，络合物 IN6 到 IN2 的能垒降低到 24.2［TS6/2（H_2O 辅助）］或 22.3 kcal/mol［TS6/2（乙醇辅助）］。

2.3.2　IN2 催化芳基甲基腈与醛反应生成乙烯基腈 $PhC(CN)=CHCH_3$

在 IN2 的存在下，苯乙腈（$PhCH_2CN$）可与原位生成的醛发生反应，生成乙烯基腈 $PhC(CN)=CHCH_3$。在此阶段，苯乙腈（$PhCH_2CN$）首先以 side-on 配位方式（η^2，形成 7）或 end-on 配位方式（η^1，形成 IN13）配位到 IN2 上，然后 IN7 和 IN13 可以通过不同的机理与醛反应生成乙烯基腈 $PhC(CN)=CHCH_3$。

2.3.2.1　side-on（η^2）配位机理

IN2-催化芳基甲基腈与醛反应并生成乙烯基腈机理示意图如图 2-6 所示，相应的能垒图如图 2-7 所示，各种中间体和过渡态的优化结构如图 2-8 所示。苯乙腈可以通过形成 $C^2—N^1$ 共价键和 $N^2—Ru$ 配位键与 IN2 配位，从而通过过渡态 TS2/7 得到中间体 7（见图 2-6）。在图 2-7 中，这一加成步骤需要克服 12.2 kcal/mol 的势垒，IN7 的能量比 IN2 加苯乙腈高 6.5 kcal/mol。通过 TS7/8，$Ph—CH_2$ 分子中的一个 H 原子可以转移到 N^2 原子上，得到烯胺中间体 IN8，但 TS7/8 的相对能量更高，为 50.9 kcal/mol。从图 2-7 中可以看出，中间体 IN7 的几何结构不利于氢原子从 C^3 原子直接转移到 N^2 原子上，因为直接氢转移将通过一个张力比较大的四元环过渡态结构（TS7/8）进行，该结构包含一个几乎断裂的 $C^3—H^3$ 键（1.515 Å），而 $N^2—H^3$ 键尚未形成（1.334 Å）。这种高度扭曲的结构导致很高的势垒（50.9 kcal/mol），这意味着氢原子的直接转移很困难。

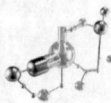

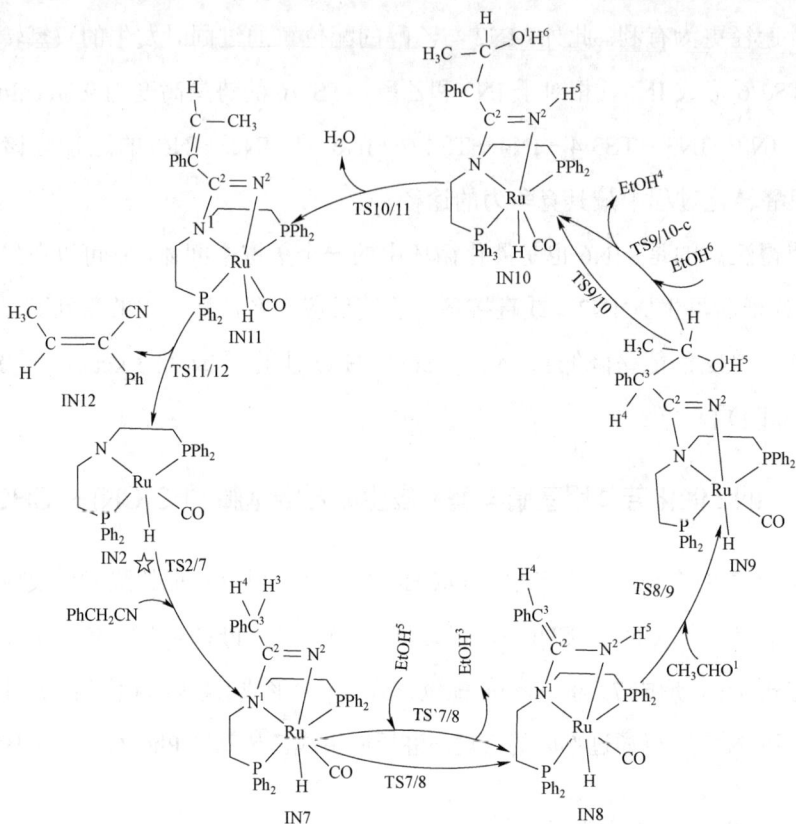

图 2-6　IN2 催化下，芳甲基腈与醛 side-on 配位缩合形成 PhC(CN)＝CHCH₃ 的机理

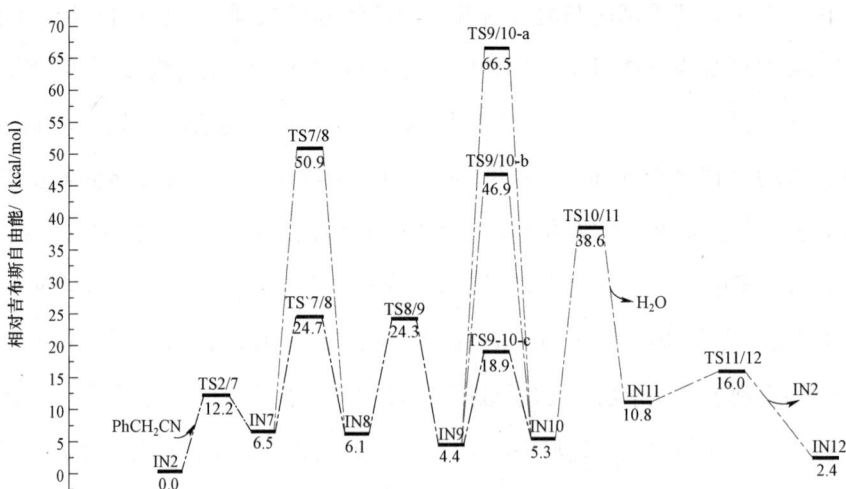

图 2-7　IN2 催化的 side-on(η²)配位机理中，
芳基甲基腈与醛缩合形成 PhC(CN)＝CHCH₃ 的吉布斯自由能垒图

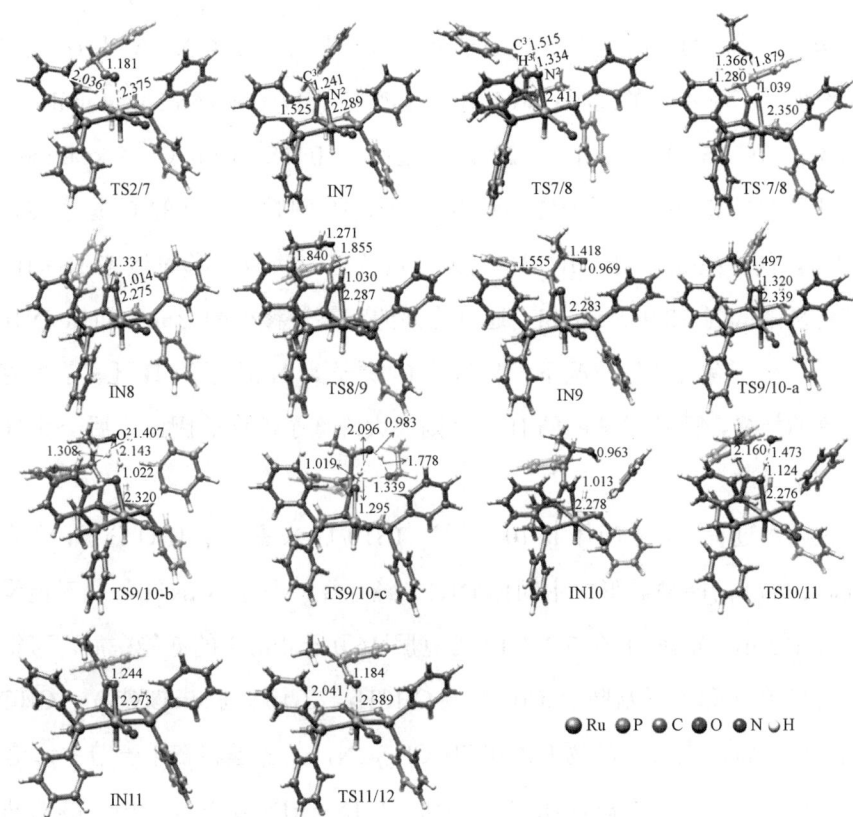

图 2-8　芳基甲基腈与醛在 IN2 催化下的缩合反应生成 PhC(CN)═CHCH$_3$ 的过程中涉及的中间体和过渡态的几何结构（键长单位：Å）

另外，由于反应体系中存在醇类反应物，众所周知，醇类辅助 H 迁移机制可以降低 H 迁移能垒，因此考虑了乙醇辅助 H 迁移机制。在 IN7→IN8 的过程中加入一个乙醇分子后，发现了一个同步的双 H 原子转移过渡态 TS′7/8。通过 TS′7/8，两个氢原子通过六元环发生转移，而六元环的环张力较小，因此氢转移势垒高度降低至 24.7 kcal/mol。与直接氢转移相比，乙醇辅助氢转移可使转移势垒降低 26.2 kcal/mol，这表明在乙醇分子的辅助下，氢转移过程变得容易进行。接下来，在乙醇－甲醛转化过程中原位生成的一个乙醛分子与中间体 IN8 配位，通过克服过渡态 TS8/9 的 24.3 kcal/mol 的能垒得到中间体 IN9。与 IN8 相比，IN9 稍微稳定了 1.7 kcal/mol。

中间体 IN9 需要经过脱水和氢化过程才能生成 PhCH(CH$_2$CH$_3$)CN。首

先，苄基上的 H^4 原子迁移到 N^2 原子上，同时失去一分子水。对于 H^4 迁移步骤，发现了三种不同的途径：（1）通过过渡态 TS9/10-a（66.5 kcal/mol）生成中间体 IN10（5.3 kcal/mol）；（2）通过过渡态 INTS9/10-b（46.9 kcal/mol），其中涉及 H^5 同时从 O^2 原子转移到 N^2 原子，H^4 同时从苄基的 C^3 原子转移到 O^2 原子，同样生成中间体 IN10；（3）通过乙醇辅助 H 迁移过渡态 TS9/10-c，反应势垒降低到 18.9 kcal/mol，通过协同的双氢转移机制形成中间体 IN10。很明显，在没有乙醇的情况下，从苄基 C^3 原子到 N^2 原子的 H 迁移需要克服相当高的能垒，而乙醇辅助的 H 迁移则大大降低了能垒。因此，后一种 H 迁移机制更可取。

在脱水过程中，中间体 IN10 可通过 TS10/11 失去一个 H_2O 分子，在克服 38.6 kcal/mol 的能垒后形成中间体 IN11。经计算，中间体 IN11 的相对能量为 10.8 kcal/mol，而 IN11 在 TS11/12 处克服 16.0 kcal/mol 的低能垒后，可很容易分解为 IN2 和乙烯基腈 $PhC(CN)=CHCH_3$。乙烯基腈 $PhC(CN)=CHCH_3$ 的加氢反应将产生最终产物 $PhCH(CH_2CH_3)CN$，其机理将在下一节中讨论。

从以上讨论可以看出，在 IN7→IN8 和 IN9→IN10 的步骤中，醇辅助 H 迁移对降低 H 迁移能垒至关重要。总之，在芳基甲基腈到 $PhC(CN)=CHCH_3$ 的转化过程中，发现能量最低的路径是 IN2→TS2/7→IN7→TS7/8→IN8→TS8/9→IN9→TS9/10-c→IN10→TS10/11→IN11→TS11/12→IN2＋IN12，但在 TS10/11 时，这条路径上的最高迁移势垒为 38.6 kcal/mol。对于实验条件下的这种借氢反应来说，这个势垒似乎有点高。因此，可能还存在其他途径，应该加以研究。

2.3.2.2　end-on（η^1）配位机理

end-on（η^1）配位机理如图 2-9 所示，相应的能垒图如图 2-10 所示，各种中间体和过渡态的优化结构如图 2-11 所示。苯乙腈（$PhCH_2CN$）可以通过形成 N^2—Ru 配位键与 IN2 配位，从而通过过渡态 TS2/13 得到中间体 IN13（见图 2-9）。在图 2-10 中，这一加成步骤只需通过水辅助克服 0.6 kcal/mol 的能

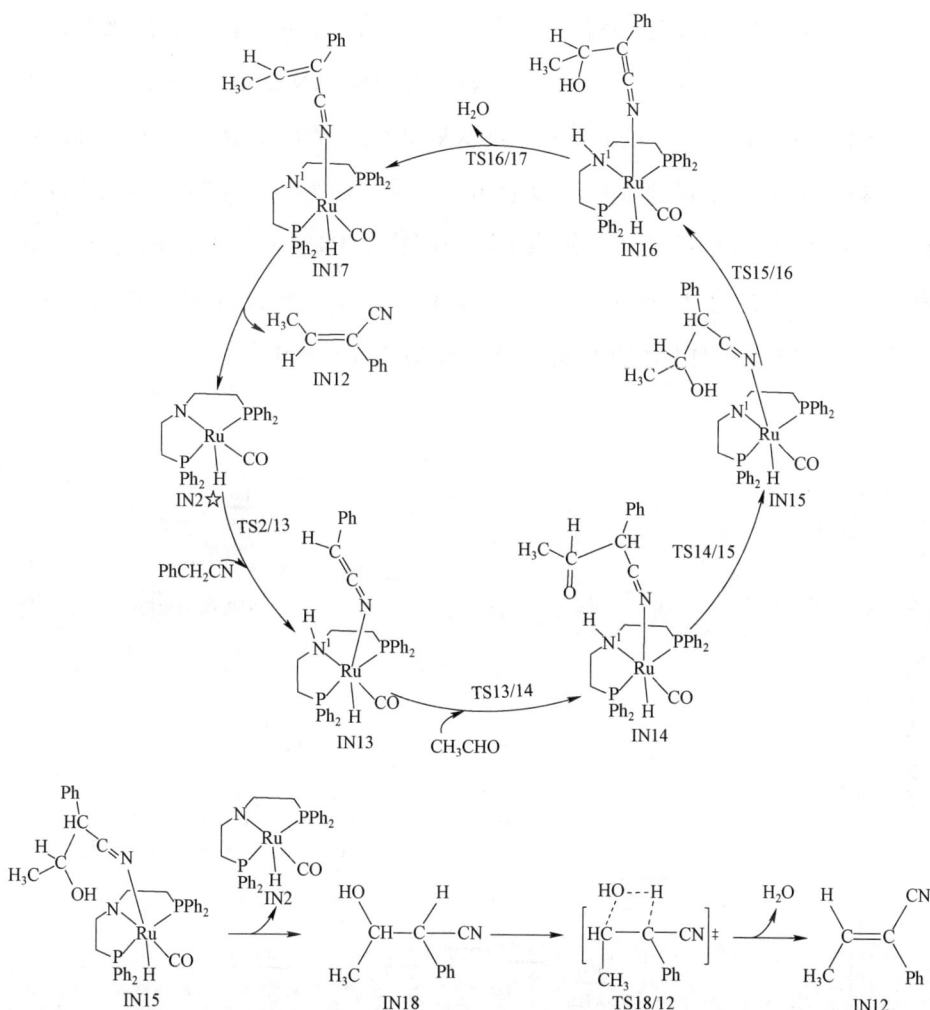

图 2-9 IN2 催化和无催化作用下芳基甲基腈与醛以 end-on(η¹) 配位形式缩合形成
PhC(CN)＝CHCH₃ 的机理

垒，IN13 的能量比 IN2 加苯乙腈低 11.2 kcal/mol。通过形成 N^1—H—O 氢键，CH₃CHO 与 IN13 结合形成中间体 IN14，然后 IN14 通过形成新的 C—C 键转化为 IN15，同时伴有从 N^1 原子到 CH₃CHO 分子中 O 原子的氢转移。IN14 和 IN15 的能量分别比 IN13 高 2.4 kcal/mol 和 1.8 kcal/mol，计算得出从 IN13 到 TS14/15 的势垒高度为 3.7 kcal/mol。在 IN15 中，苄基 C 原子上的 H 原子很

容易转移到 N^1 原子上,从而得到中间体 IN16。除去一分子 H_2O 后,IN16 可以转化为 IN17,IN17 的分解可以得到中间体 IN12 并重新释放催化剂 IN2。IN15、TS15/16、IN16、TS16/17、IN17 和 IN2+IN12 的相对自由能分别为 $-9.4\,kcal/mol$、$-2.1\,kcal/mol$、$-9.8\,kcal/mol$、$6.0\,kcal/mol$、$4.9\,kcal/mol$ 和 $2.4\,kcal/mol$。从图 2-5 中可以看出,在从 IN2+PhCH$_2$CN+CH$_3$CHO 到 IN2+IN12+H$_2$O 的路径上,最稳定的中间体是 IN13($-11.2\,kcal/mol$),最高能垒的过渡态是 TS16/17($6.0\,kcal/mol$),因此,该路径的速率决速步能垒为 TS16/17 与 IN13 之间的能量差,即 $17.2\,kcal/mol$。

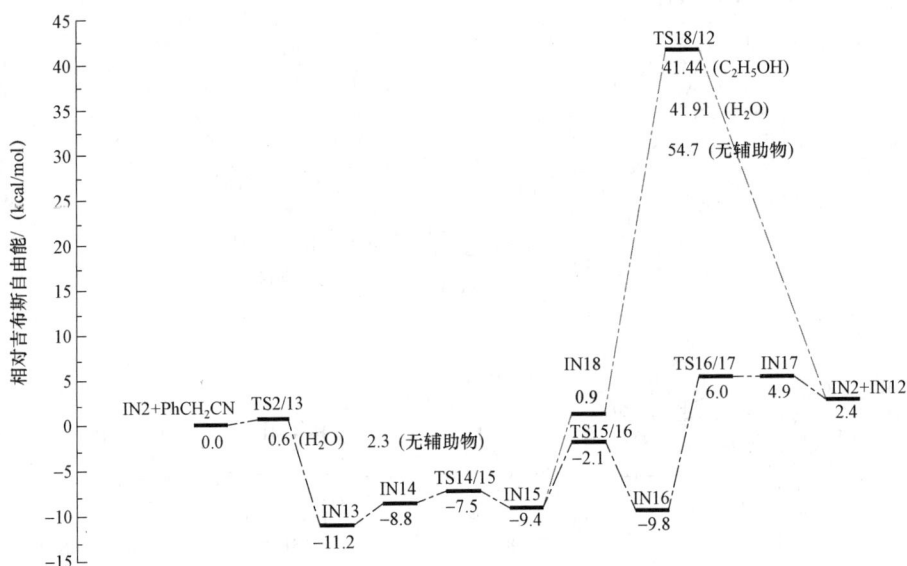

图 2-10　IN2 催化和无催化作用下芳基甲基腈与醛以 end-on(η^1)配位形式缩合
形成 PhC(CN)＝CHCH$_3$ 势能图

从 IN15 生成 IN12 的另一个途径:IN15 分解生成中间体 IN18 和催化剂 IN2,然后 IN18 经过分子内脱水生成中间体 IN12。然而,从 IN15 到 TS18/12,计算得出的反应势垒为 $41.4\,kcal/mol$。显然,与前一种途径相比,这种途径不具有竞争力,应予以排除。

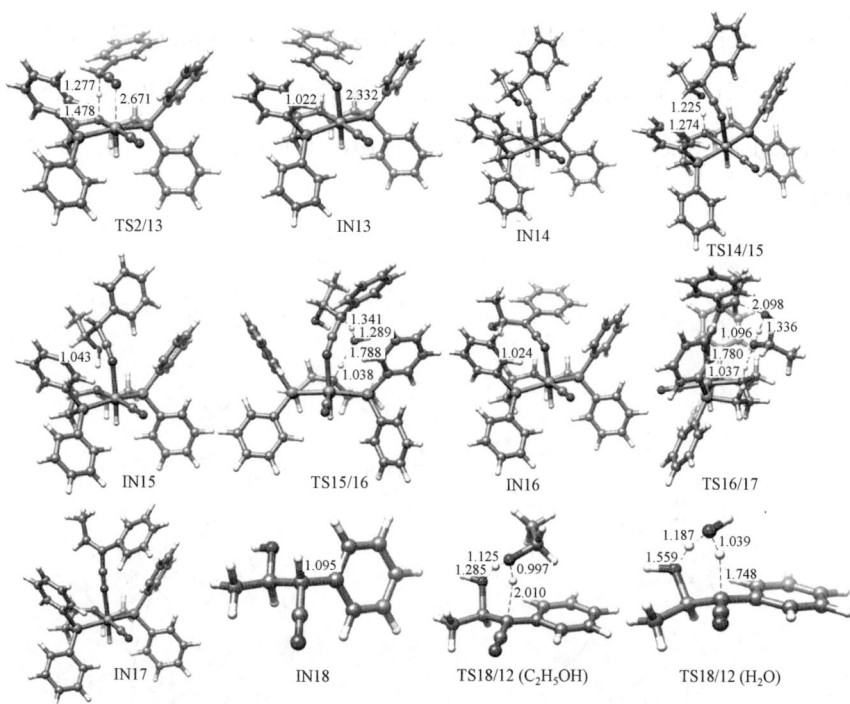

图 2-11　IN2-催化和无催化作用下芳基甲基腈与醛以 end-on(η^1)配位形式缩合形成 PhC(CN)＝CHCH$_3$ 的机理中涉及的中间体和过渡态的几何结构（键长单位：Å）

2.3.3　PhC(CN)＝CHCH$_3$ 的加氢反应及 α-烷基芳甲基腈(PhCH(CH$_2$CH$_3$)CN)的形成

从 PhC(CN)＝CHCH$_3$ 到 PhCH(CH$_2$CH$_3$)CN 的转化过程中有两种氢化机制，如图 2-12 所示。相应的能垒图和结构图如图 2-13 和图 2-14 所示。首先，考虑了在 H$_2$ 的作用下，PhC(CN)＝CHCH$_3$ 氢化形成 IN21 的机理。在 H$_2$ 存在的情况下，IN17 可以与 H$_2$ 反应生成中间产物 IN21，然后 IN21 可以通过 H 转移过渡态 TS21/22 分解成 IN2 和最终产物 PhCH(CH$_2$CH$_3$)CN。然而，TS17/21 的相对自由能为 74.8 kcal/mol（见图 2-13）。另外，PhC(CN)＝CHCH$_3$ 的氢化也可能发生在 PhC(CN)＝CHCH$_3$ 和二氢 Ru 络合物 IN6 之间。乙烯基腈中间体 PhC(CN)＝CHCH$_3$ 向氢化物 IN6 靠近，生成络合物 IN19（6.0 kcal/mol），然后苄基 C 原子抓住 Ru 中心的 H^2 原子，生成中间体 IN20

（-4.7 kcal/mol）。过渡态 TS19/20 的势垒高度为 12.7 kcal/mol。最后，N^1 原子上的氢原子（H^1）通过过渡态 TS20/22 转移到 C 原子上（相对于 IN20 为 5.4 kcal/mol），从而形成催化剂-产物络合物，最终释放产物并再生出起始络合物 IN2。

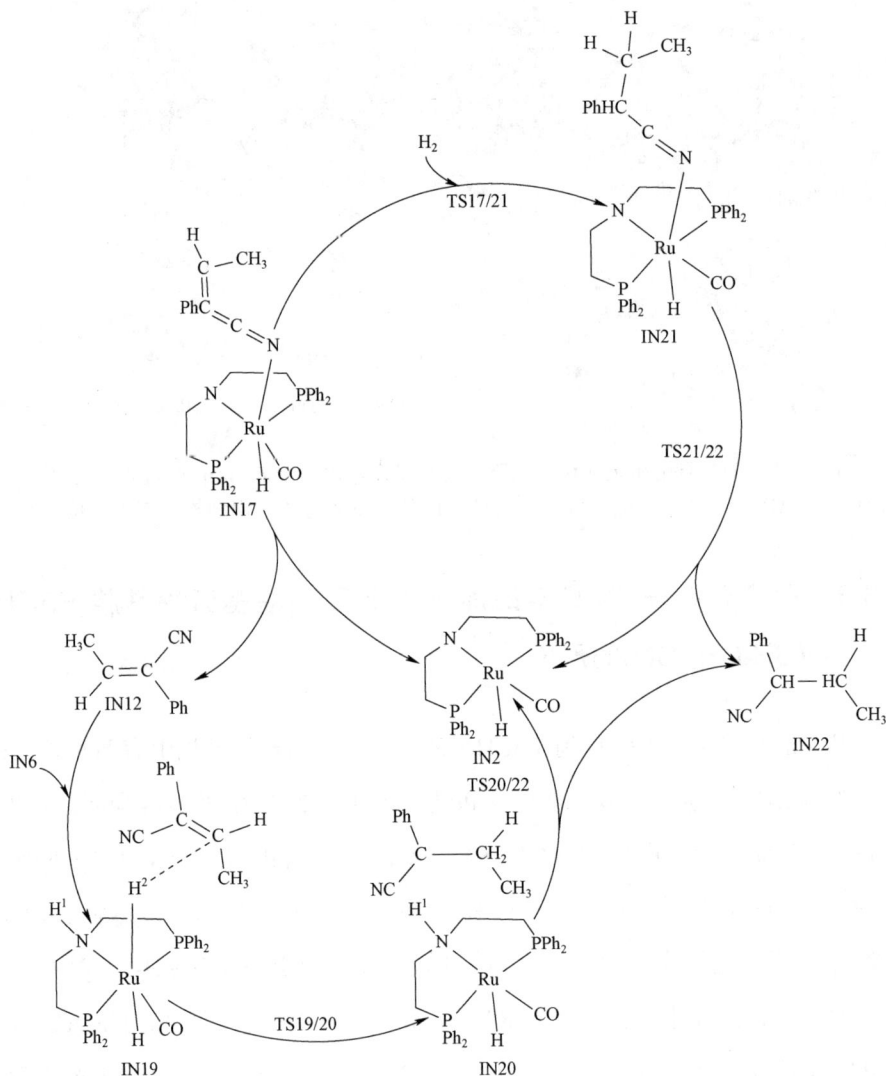

图 2-12　PhC(CN)＝CH₂CH₃(IN12)还原为 PhCH(CH₂CH₃)CN(IN22)的机理图

图 2-12 PhC(CN)=CH$_2$CH$_3$(IN12)还原为 PhCH(CH$_2$CH$_3$)CN(IN22)的机理图

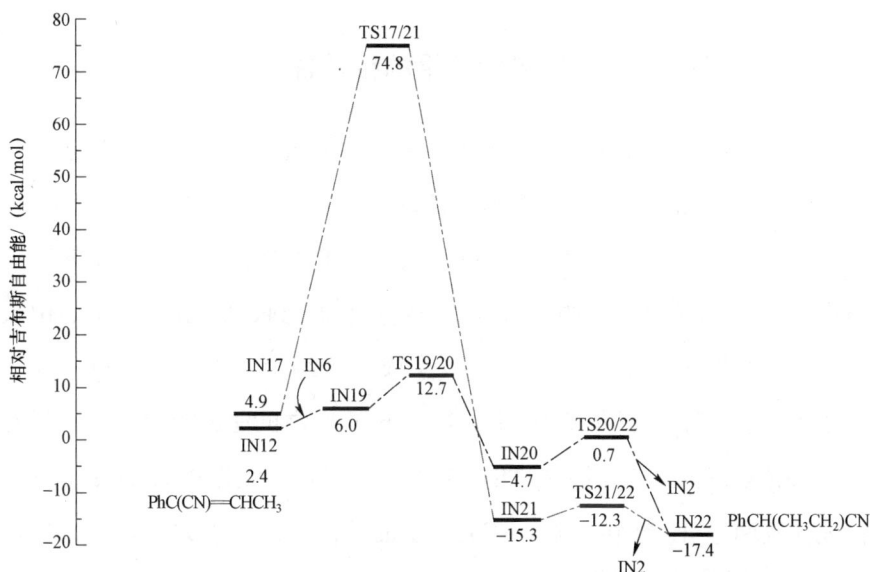

图 2-13　PhC(CN)＝CH$_2$CH$_3$ 氢化为 PhCH(CH$_2$CH$_3$)CN 的势能图

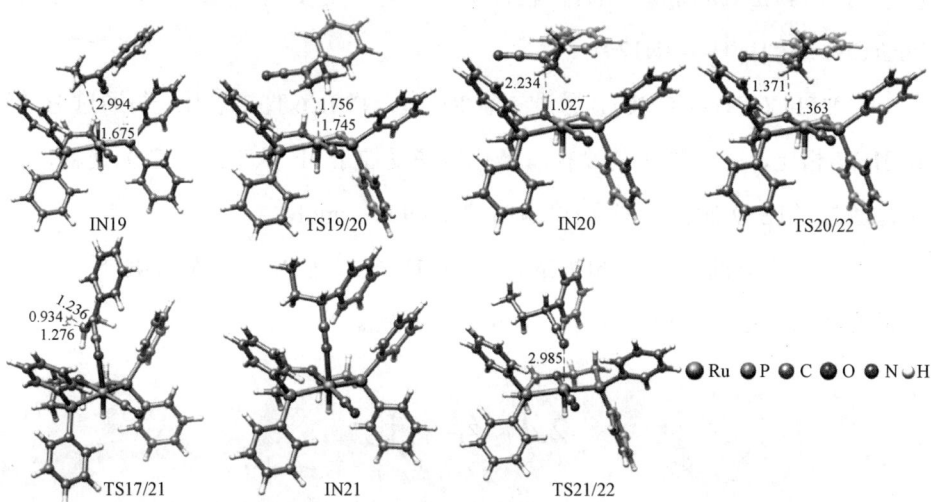

图 2-14　PhC(CN)＝CH$_2$CH$_3$ 氢化生成 PhCH(CH$_2$CH$_3$)CN 的反应中涉及的
中间体和过渡态的几何结构

（键长单位：Å）

很明显，PhC(CN)＝CHCH$_3$ 的氢化反应更倾向于沿着 IN6 + PhC(CN)＝
CHCH$_3$→IN19→IN20→IN2 + PhCH(CH$_2$CH$_3$)CN 的路径进行，与络合物 IN13
相比，沿着该路径发生的最高势垒仅为 23.9 kcal/mol。

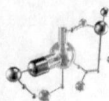

2.3.4　DFT 机理总结及与实验结果的相关性

在上述理论成果的基础上，可以归纳出该机制的以下四个关键点。

（1）在 IN2 的催化下，醇到醛的转化是一个非常快速的过程；沿着 IN2→IN3→TS3/4→IN4→TS4/6→IN6 和 IN2→IN6 的路径，相对于最稳定的中间体 IN4，TS4/6 和 TS2/6 的最高势垒分别只有 15.2 kcal/mol 和 15.1 kcal/mol。

（2）IN2 催化的芳甲基腈与原位生成的醛缩合，在消除 H_2O 后得到 $PhC(CN){=}CHCH_3$。研究发现，side-on（η^2）配位机理在能量上是不利的，它具有 38.6 kcal/mol 的高势垒（TS10/11），因此可以安全地排除。side-on（η^2）配位机理涉及两个 H 迁移步骤，在醇或水的帮助下，可以大大降低能垒。从 IN2 + 芳基甲基腈 + CH_3CHO 到 IN12，在脱水转变状态 TS16/17 处计算出的最高能垒为 17.2 kcal/mol。IN17 在动力学上不稳定，很容易分解成 IN2 和 $PhC(CN){=}CHCH_3$（IN12）。

（3）$PhC(CN){=}CHCH_3$ 通过二氢 Ru 络合物 IN6 直接氢化，与通过 H_2 氢化 IN17 相比，是最理想的途径。氢化能垒受控于 H^2-从 Ru 向 C 的迁移，其中过渡态（TS19/20）的能垒比 IN13 高 23.9 kcal/mol。

（4）在整个机理中，$PhC(CN){=}CHCH_3$ 与二氢 Ru 络合物 IN6 反应，得到最终产物 $PhCH(CH_2CH_3)CN$，这个过程最慢。

2.4　结　论

本书通过借氢策略，在甲苯中对钌（Ⅱ）催化的芳基甲基苯乙腈与乙醇的 α-烷基化反应进行了 DFT 计算。整个机理由三个关键过程组成：（1）IN2 催化醇醛转化；（2）IN2 催化芳基甲基腈与醛缩合，然后发生脱水反应，形成 $PhC(CN){=}CHCH_3$；（3）$PhC(CN){=}CHCH_3$ 加氢，形成 α-烷基化芳基甲基腈产物($PhCH(CH_2CH_3)CN$)。理论结果表明，第二个过程的势垒高度较低，为 17.2 kcal/mol（TS16/17），而第一个和第三个过程的势垒相对较高，分别为

22.3 kcal/mol（TS6/2）和 23.9 kcal/mol（TS19/20）。使用醇作为反应物不仅满足了借氢策略的要求，还降低了机制中涉及的氢迁移步骤的能垒。此外，还证明了 PhC(CN)＝CHCH$_3$ 与二氢 Ru 络合物（IN6）的氢化反应是最理想的氢化机理。理论结果加深了对机理的理解，并充分解释了实验事实，因为在反应过程中，α-烷基化产物逐渐增加，但不饱和乙烯基腈中间体仍处于低浓度状态。相信这项研究的结果和结论无疑将有利于设计出更好的借氢催化系统。

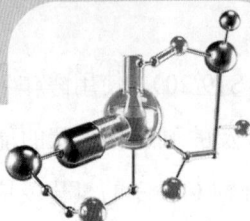

第3章 钌催化苯甲腈氢化反应机理的理论研究

3.1 引 言

　　胺及其衍生物是一类重要的有机化合物，在染料、药物、农用化学品和精细化学品等领域具有广泛的应用[74-75]。尤其是在药物方面，胺作为一类非常有效的药物官能团，存在于大多数药物结构之上。20世纪的两类重要药物——青霉素类及磺胺类药物都是以环化或磺化的胺基作为核心药效基团。胺及其衍生物的合成方法很多，如腈的还原[73-79]，氨的烷基化[80-84]、烷基氮化物的还原[85-86]、酰胺[87]、硝基化合物[88-93]、醛和酮的还原胺化[94-95]等。硝基的还原是一种常用的合成伯胺的方法，特别是芳香伯胺。一般来说，最简便和最干净的还原方法就是通过 Pd/C 或 Raney Ni 加氢，所以建议一般尽可能使用加氢还原的方法来还原硝基。一般而言，硝基化合物不用氢化锂铝（LAH）还原，因为 LAH 无法将硝基还原彻底，易得到混合产物，但对于不饱和的共轭硝基化合物可通过用 LAH 或 $NaBH_4$-Lewis 酸的方法进行还原得到饱和胺。酰胺的还原也是合成胺基的一种常用的方法，其常用于伯胺的单烷基化，一般将酰胺还原成胺最常见的方法就是通过 LAH 在加热回流下进行。但当分子内有对 LAH 还原敏感的官能团存在时，如芳环上有卤原子存在特别是溴和碘存在时（在此剧烈的条件下，容易造成脱卤），需

要一些温和的还原条件,目前常用的有硼烷还原、NaBH$_4$-Lewis 酸体系还原、DIBAL 还原等。另外,碳酰胺在 LAH 的还原条件下,也可以被还原成为甲基,这也是一个常用的将伯胺甲基化的一种方法。通过叠氮还原也是制备烷基伯胺的一个较为常用的方法。一般烷基叠氮主要通过烷基卤代物用叠氮基取代而来。烷基醇也可以通过 DPPA 直接得到转化为烷基叠氮。虽然许多文献使用叠氮酸通过与醇发生 Milsunobu 反应得到很高收率的烷基叠氮,但由于叠氮酸有剧毒且易挥发,因而不建议在实验室使用。对于叔醇也可通过 TMSN$_3$ 在 Lewis 酸存在下转化为叔烷基叠氮,其中腈氢化为胺提供了一种有效的方法。在有机合成中,腈通常由 LiAlH$_4$ 等化学氢化物还原[76]或在钯、镍、钴等异相催化剂存在下还原[83,96-97]。前者既昂贵又不环保(化学计量废物太多);后者在官能团耐受性和高化学选择性所需的过量氨方面存在局限性。因此,开发新的改良方法来高效、选择性地生产胺仍然是一个具有挑战性的目标。已有实验报道,在钌[98-99]、铑[100]和铱[101]配合物存在下可实现腈的均相还原。然而,所有这些催化剂都无法避免产生大量副产物,如仲胺和亚胺,副产物可能在亚胺中间体和产物胺之间的后续反应中产生。除非添加特殊条件,如氨压[96]或保护剂,否则伯胺对催化剂的选择性非常低[102]。以苯腈为模型底物,以钌络合物为催化剂前驱体,已经解决了这一问题[99,103-111]。这是碳氢化合物活化和中间亚胺捕获导致催化剂静止状态的第一个实例。整个过程可称为"借氢"或"氢自转移"反应,并已广泛应用于 C—C 和 C—N 键的构建[112-113]。

尽管已经获得了有价值的信息,但是要从实验中获得催化循环机理的详细描述,包括过渡态和短寿命中间产物的作用仍然很存在困难。到目前为止,人们对这些反应的机理还知之甚少,以下问题仍有待解决:(1)腈氢化反应的控制因素尚未解决;(2)苄基活化的 C—H 键是否有助于苯乙胺的形成;(3)金属配体络合物在氢化过程中是亲电、亲和还是亲核?此外,过渡金属配合物的分子氢活化也是化学、生物学、工业应用等领域的热门话题[114]。最近,金属有机框架在储氢方面的潜在用途也引起了广泛关注[115]。

本书详细地研究了反应微观机制。这一定性研究不仅使人们对金属氢化的反应性有了深刻的理解，而且为进一步的实验研究提供了宝贵的线索。

3.2 计算细节

本章涉及的所有计算都是在 Gaussian09 程序下完成的[116]，采用量子化学中的密度泛函 B3LYP 方法[117-119]对钌（Ⅱ）化物 $RuH_2(H_2)_2(PCyp_3)_2$ 催化活化苯乙腈氢化为苯胺机理中涉及的反应物、中间体、过渡态和产物的几何结构进行了优化，得到了各自相应的零点能和振动频率，除了过渡态有且只有一个虚频外，其余结构均没有虚频。计算中使用的基组是 B3LYP/B1（B1：Ru 采用赝势基组 LanL2DZ[120-121]，所有非金属原子 C、H、P、N 采用 6-31G（d）基组）。为了证实过渡态所连接的相应极小值，通过内禀反应坐标（IRC）[122-123]在 x 和 y 方向上对这些 TSx/y 结构进行了分析。利用 B3LYP/B1 水平下的几何结构，在 B3LYP/B2 水平上（B2：Ru 采用 LanL2DZ 赝势基组，所有非金属原子采用 6-311G(d,p)基组）通过单点能量[124]计算对能量结果进行了进一步分析。在优化好的气相几何结构下，通过 B3LYP/B2 水平（B2：Ru 采用 LanL2DZ 赝势基组，所有非金属原子采用 6-311G(d,p)基组）单点计算处理了溶剂效应。使用 298 K 时的介电常数 $\varepsilon= 1.84$ 来模拟实验中使用的戊烷溶剂。

使用简单自洽反应场（SCRF）[125-127]考虑了溶剂对体系的影响，该方法基于极性连续模型（PCM）[11-13]，并用 Gaussian09[116]来计算。用 Grimme DFT-D3[128]估算了所有静止点的经验色散修正。选定点的准限制分子轨道（QRO）[129]由 ORCA 计算得到，并用 Chimera[130]软件来绘制。

3.3 结果与讨论

整个反应可分为两部分——催化剂静息态生成及加氢反应，如图 3-1 所示。在没有特别说明的情况下，所有能量均为在戊烷溶剂中的相对吉布斯自由能（ΔG）见表 3-1。所有物种的吉布斯自由能以分离的 IN2 和 Ph-C≡N 为零点，理论状态下的势能面如图 3-2 所示，部分中间体和过渡态的电子结构如图 3-3 所示。

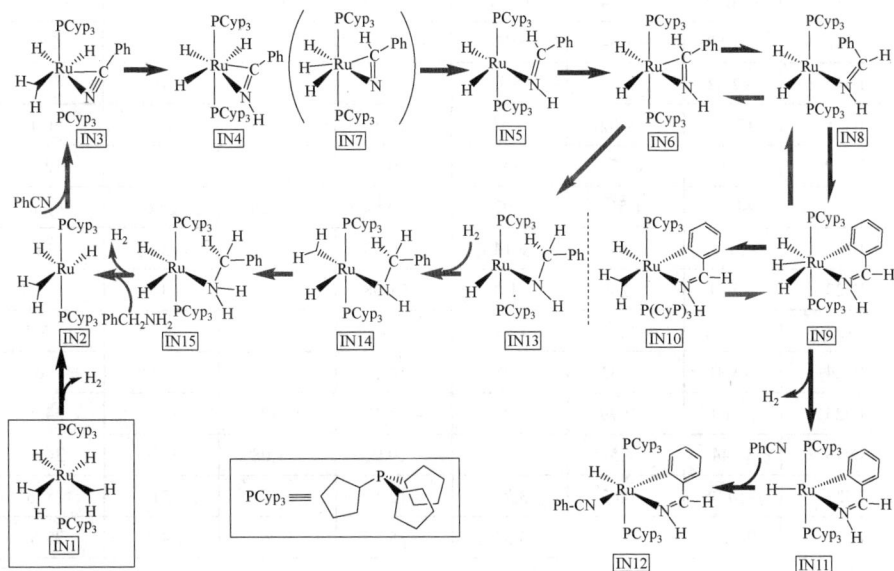

图 3-1　催化剂静息态生成机理

表 3-1　钌催化苯甲腈氢化反应的各种能量和修正能量（kcal/mol）

中间体种类	E_{opt}[a)]	Δ[b)]	H_{therm}[c)]	DFT-D3[d)]	nonpol[e)]	ΔH[f)]	ΔG[g)]
IN1	−10.78	−2.06	2.65	−3.71	−2.03	−15.9	−6.2
IN2	0.0	0.0	0.0	0.0	0.0	0.0	0.0
IN3	−4.46	−1.78	1.81	−15.91	0.01	−20.3	−5.0
IN4	−2.01	−0.68	3.38	−14.86	1.04	−13.2	3.1
IN5	−5.13	−0.52	5.96	−16.05	4.53	−11.2	2.3
IN6	−10.79	0.04	6.27	−15.99	1.47	−19.0	−3.3
IN7	0.36	−1.15	2.84	−11.81	1.58	−8.1	7.5
IN8	−19.71	−0.24	5.97	−16.86	3.5	−27.3	−12.0
IN9	−15.14	−1.1	4.51	−19.85	−1.33	−32.9	−13.4
IN10	−16.99	−2.23	4.44	−20.02	−1.41	−36.2	−17.7
IN11	−6.6	0.51	1.81	−17.89	1.83	−20.3	−11.9
IN12	−15.99	−3.02	3.49	−27.18	3.7	−39.0	−19.0

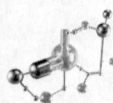

中间体种类	E_{opt}[a]	Δ[b]	H_{therm}[c]	DFT-D3[d]	nonpol[e]	ΔH[f]	ΔG[g]
IN13	−2.95	0.07	7.62	−12.49	2.55	−5.2	8.5
IN14	−15.08	−3.63	10.02	−13.79	0.03	−22.5	0.3
IN15	−36.06	−0.04	13.61	−21.48	−0.04	−44.0	−17.7
IN16	−1.58	−1.54	3.32	−14.58	1.48	−12.9	2.9
IN17	−2.62	−2	5.7	−18.53	1.27	−16.2	−1.2
IN18	17.56	−1.02	5.07	−18.19	−0.04	3.4	20.1
IN19	9.2	0.17	5.9	−20.27	−1.07	−6.1	12.3
IN20	44.18	1.51	3.02	−19.84	−1.26	27.6	45.8
IN21	−21.21	0.49	9.14	−20.73	−0.47	−32.8	−14.8
IN22	−29.1	−2.4	11.8	−21.98	−2.73	−44.4	−17.7
IN23	−11.51	−3.19	1.79	−9.41	2.77	−19.5	−5.7
IN24	−4.81	−1.33	1.28	−10.17	2.05	−12.9	0.6
IN25	30.89	−2.99	2.8	−13.17	1.92	19.4	34.7
IN26	38.44	−4.51	3.88	−19.91	−1.08	16.8	34.4
IN27	−14.98	−0.62	3.75	−12.13	2.47	−21.5	−6.5
IN28	28.97	−4.69	3.52	−15.25	1.76	14.3	29.8
IN29	53.31	−4.12	1.9	−21.9	−2.86	26.3	45.5
IN30	27.06	−1.36	1.83	−22.09	−3.04	2.4	22.0
IN31	38.46	−4.52	3.92	−20.07	−0.93	16.9	33.8
TS1/2	0.83	0.09	0.67	−2.95	0.77	−0.6	7.4
TS3/4	14.96	−2.34	0.06	−15.13	0.78	−1.7	15.5
TS3/7	8.73	−4.05	0.08	−14.17	1.32	−8.1	7.1
TS4/5	6.42	−1.32	2.5	−15.88	1.91	−6.4	9.9
TS5/6	−4.46	−0.35	5.4	−15.58	4.14	−10.9	3.5
TS6/13	12.84	−1.11	4.23	−14.92	1.84	2.8	18.5
TS7/5	18.35	−1.3	1.93	−10.28	2.74	11.5	26.2
TS6/8	−4.44	−0.26	5.34	−14.99	2.76	−11.6	2.9
TS8/9	−4.07	−1.66	3.02	−18.97	0.26	−21.4	−3.2
TS9/10	−12.02	−2.02	3.38	−19.26	−1.53	−31.5	−12.1
TS10/11	−4.37	0.44	2.32	−22.61	0.93	−23.3	−7.3
TS9/18	22.25	−1.12	2.32	−19.23	−1.32	2.9	20.9
TS9/20	56.76	−0.03	0.79	−19.3	−1.45	36.8	55.0
TS4/16	10.34	−0.37	2.1	−15.05	0.9	−2.1	14.2

续表

中间体种类	E_{opt}[a]	Δ[b]	H_{therm}[c]	DFT-D3[d]	nonpol[e]	ΔH[f]	ΔG[g]
TS16/17	36.21	−2.33	1.6	−13.61	2.13	24.0	37.2
TS17/5	58.99	−2.34	2.22	−16.07	0.41	43.2	60.2
TS13/14	−1.98	0.06	8.45	−15.5	2.78	−6.2	15.6
TS14/15	0.57	−1.44	9.1	−15.62	−0.21	−7.6	17.2
TS20/19	57.59	1.02	1.67	−18.72	−0.07	41.5	59.2
TS18/21	48.59	−2.47	4.32	−20.73	−0.66	29.1	48.2
TS18/19	82.22	−1.86	1.58	−18.31	−1.11	62.6	79.6
TS19/21	22.82	−0.54	4.47	−18.57	−0.38	7.8	25.7
TS21/22	−17.97	0.38	9.91	−25.03	−1.49	−34.2	−8.5
TS22/15	−19.89	−1.19	10.7	−21.37	−2.25	−34.1	−6.3
TS23/24	−4.14	−2.19	0.16	−9.94	1.99	−14.1	0.8
TS24/25	32.73	−2.22	0.03	−11.35	2.57	21.8	38.1
TS25/26	73.1	−5.25	0.31	−17.92	−0.72	49.5	66.5
TS26/9	74.99	−2.98	1.24	−18.96	−1.32	52.9	71.3
TS25/28	31.17	−4.16	1.88	−14.46	1.99	16.4	31.4
TS28/29	63.48	−5.94	0.7	−20.68	−1.17	36.4	54.3
TS29/10	67.71	−3.92	0.49	−21.64	−2.48	40.2	57.8
TS29/31	55.74	−4.11	0.7	−21.18	−2.08	29.1	47.1
TS31/10	72.27	−4.26	1.32	−19.73	−1.59	48.1	66.1
TS29/30	98.16	−4.36	−1.9	−21.44	−2.86	67.6	86.9
TS30/10	29.17	−1.53	0.91	−21.44	−2.32	4.8	24.0
TS25/27	61.59	−3.21	−0.11	−12.21	1.9	47.9	63.5
TS27/8	3.39	−0.94	2.52	−9.98	3.66	−1.3	14.0

注: a) 未校正的量子力学能量，通过几何优化获得（B3LYP/Ru: LANL2DZ, C, H, N, P: 6-31G* level）；

b) 基组校正（B3LYP/Ru: LANL2DZ, C, H, N, P: 6-311G (d, p)）；

c) 包括零点能的热焓校正；

d) DFT-D3 色散校正；

e) PCM 非极性连续溶剂化三个校正能（空穴能、色散和斥力）的总和；

f) 298.15K 时的焓 $\Delta H = E_{opt} + \Delta + H_{therm} + D3 + nonpol$；

g) 298.15K 时的吉布斯自由能 $\Delta G = E_{opt} + \Delta + G_{corr} + D3 + nonpol$。

3.3.1 催化剂静息态生成

从图 3-1 和表 3-1 中可以看出，催化循环始于氢分子（H_2）从络合物 $RuH_2(H_2)_2(PCyp_3)_2$ 中解离，生成络合物 IN2。这步需要克服同时克服 13.6 kcal/mol 能垒的过渡态 TS1/2。生成络合物 IN2 是配位不饱和的。考虑到苯甲腈（$Ph-C≡N$）分子与 Ru^{2+} 金属中心的配位方式，本书考虑了两种最可行的途径，即 side-on（η^2）和 end-on（η^1）配位模式。从动力学的角度来看，η^1 机制因其能垒高（TS29/10，57.8 kcal/mol），不是一个有利的途径。因此不必讨论它，下面的讨论仅限于 η^2 机制。

从图 3-2（a）可以看出，从 IN2 开始，苯甲腈侧向攻击 Ru^{2+} 中心，生成 IN3。在 IN3 中，苯甲腈 $C≡N$ 分子通过两个金属配位键有效地与 Ru^{2+} 中心配位：碳原子（C）和氮原子（N）与 Ru 在赤道面上配位，r_{Ru-C} 和 r_{Ru-N} 分别为 2.22 Å 和 2.32 Å；$C—N$ 键（键长为 1.20 Å）比游离苯甲腈分子中的 $C—N$ 键（键长为 1.16 Å）的键长更长，而且腈基从线性（$C—C—N$ 角 180°）偏离为弯曲（$C—C—N$ 角 142°）。因此，金属和配体之间发生了明显的作用。随后，"H"（"H"可以是氢化物、氢原子或质子）从 Ru^{2+} 转移到底物苯甲腈。由于初始氢可以转移到苯甲腈 $C≡N$ 分子的碳原子或氮原子上，因此考虑了两种不同的催化途径（A 和 B）。

在途径 A 中，一个质子首先从 H_2 转移到苯甲腈的 N 原子上（IN3→IN4），随后负氢转移到 C 原子上（见图 3-3）。在竞争性途径 B 中，IN3 首先氢化生成 IN7，随后 N 原子质子化生成 IN5。理论表明，途径 A 更为可行；途径 B 中的质子转移特别困难，因为会遇到很大的能垒（见图 3-2（b））。详细的几何和电子结构分析可以解释途径 A 的优越性。在途径 A 中，第一次质子转移使电子积累到 Ru 中心。因此，Ru 中心和 $C≡N$ 分子之间发生了更强的反馈作用，导致 IN4 中的 $Ru—C$ 键缩短（见图 3-3）。接下来 IN4 通过负氢转移过渡态 TS4/5 生成 IN5。如图 3-3 所示，计算得到的 $Ru—C$ 键长距离被拉长到 2.42 Å，金属中心和 $C≡N$ 分子之间没有发生反馈作用。较长的 $Ru—C$ 间距

也导致接受轨道 $\pi_{(C \equiv N)}$ eq 远离质子。因此，较差的轨道重叠导致在第二个质子转移步骤中遇到很大的能垒（TS7/5），无法形成 IN5。

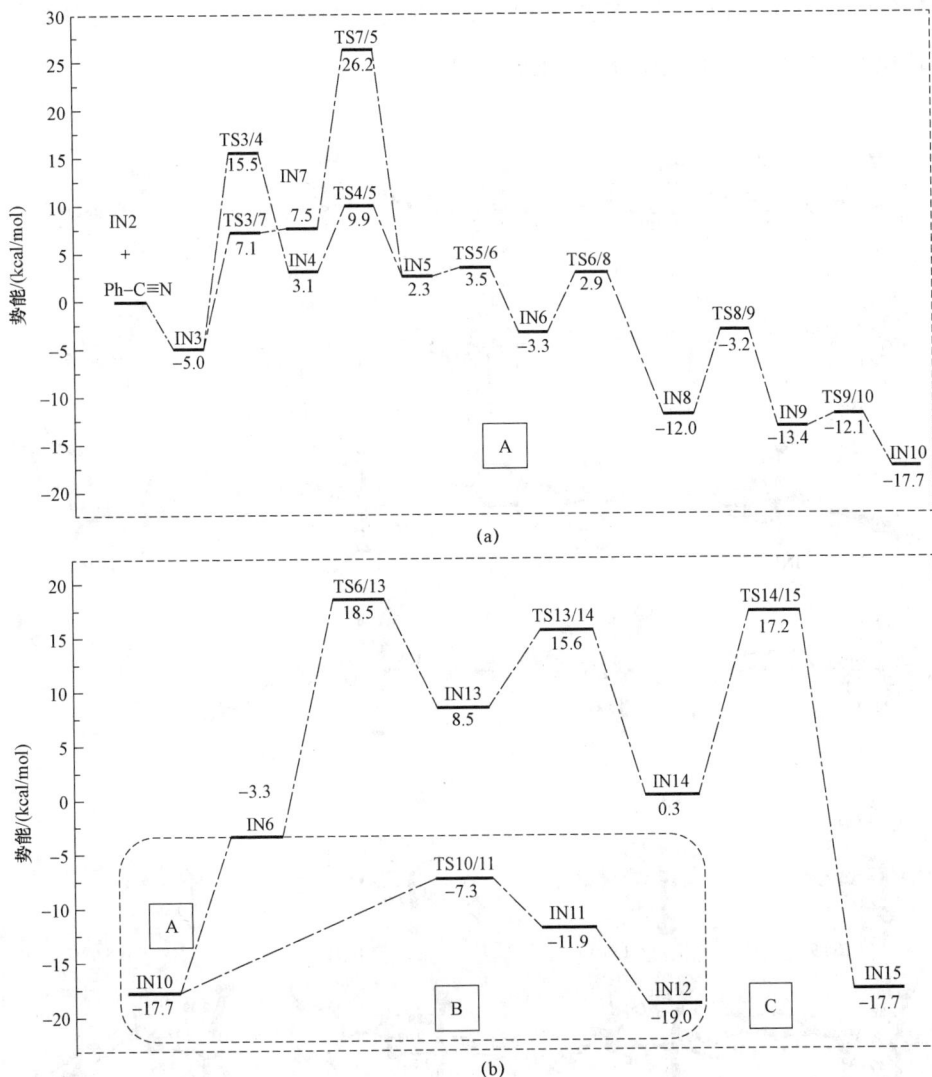

图 3-2　B3LYP/B2//B3LYP/B1＋nonpol＋D3 理论水平下的势能图
（a）IN2 至 IN10；（b）IN10 至 IN15

从抓氢结构 IN5 开始，需要对底物进行一次重要的重排，这是通过将底物顺时针旋转 180° 实现的（IN5→IN8）。在这个过程中，首先要切断 IN5 中的抓氢键（Ru—H），重新排列成一个更稳定的结构 IN6，其中—CH＝NH 与

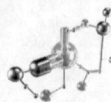

金属中心以 η² 模式配位。从 IN5→IN6 的过程中通过过渡态 TS5/6，需要克服的能垒为 1.2 kcal/mol。计算表明，这一步吸热 3.3 kcal/mol。从 IN6 开始，底物继续进一步旋转，最终导致 Ru 中心和 N 原子直接配位。从 IN6 到 IN8 的转化过程需要克服的能垒为 6.2 kcal/mol。

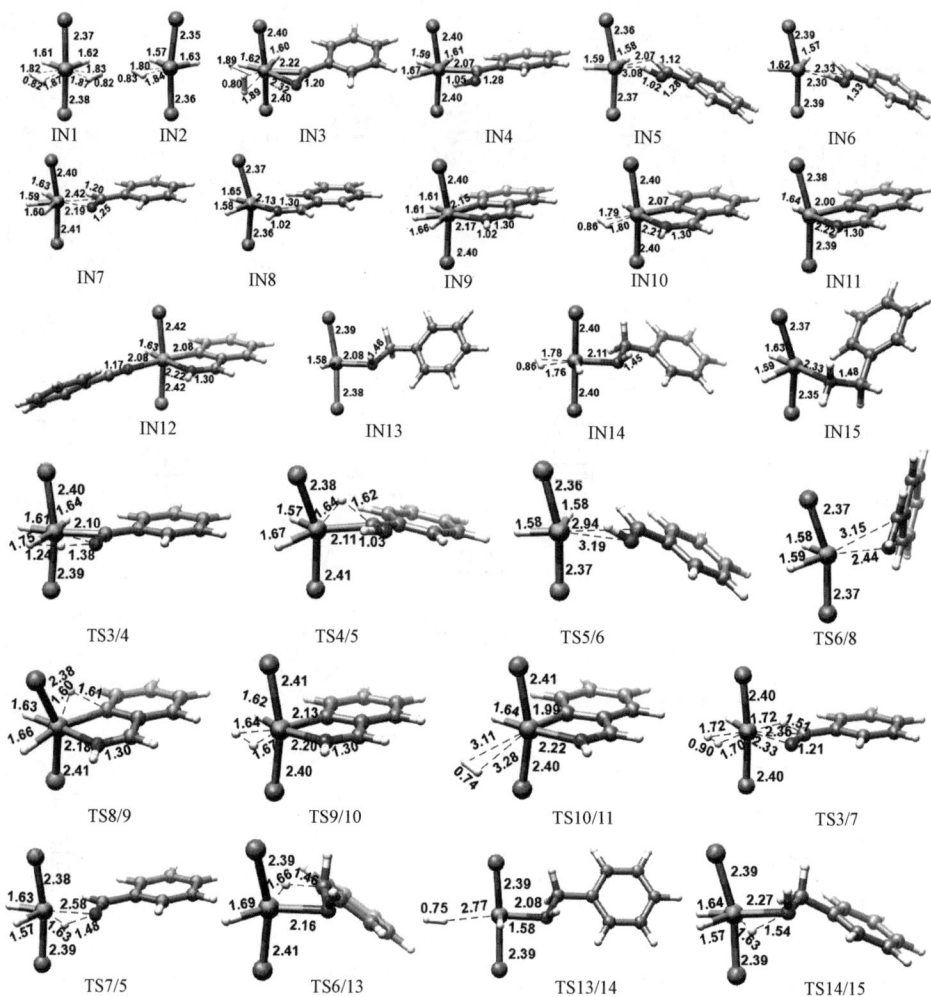

图 3-3　使用钌催化剂氢化苯腈的关键中间体和过渡态的几何结构（键长单位：Å）

注：为使图像更清晰，省略了 Cyp₃ 配体结构。

底物从 IN5→IN8 的构象重组是生成催化剂静止状态 IN10 的先决条件。在 IN8 中，金属中心和一个芳基氢之间形成了相互作用，这将有助于随后芳基中的 C—H 活化。接下来的环甲基化步骤 IN8→IN9 只具有 8.8 kcal/mol 的能垒，生成的中间体 IN9 比 IN8 的能垒低 1.4 kcal/mol。理论结果表明，催化剂静止态 IN10 的形成在动力学和热力学上都是可行的（见图 3-2（a））。

3.3.2　氢化反应生成最终产物苄胺

从 IN10 开始，根据实验条件可能会出现两种反应途径：（1）在反应中再加入 1 个等量的 PhCN 会导致另一种催化剂静息状态 IN12。理论结果表明，IN10 和 IN12 的能量相当，这与实验观察结果一致，即 IN10 和 IN12 都是氢化反应的关键中间产物[105]；（2）H_2 加压导致生成最终产物苄胺。第一个氢化反应发生在芳基环上，实际上是 IN6→IN10 的逆反应。从 IN6 开始，—CH＝NH 基团发生氢化反应，生成最终产物苄胺。应该指出的是，理论结果表明，—CH＝NH 基团的氢化首先涉及负氢转移到—CH—Ph 分子，从而产生 η^1 配位的中间体 IN13。生成的中间体 IN13 具有不饱和配位的特点，空位允许 H_2 通过一个几乎无能垒的步骤（TS13/14）配位到 Ru 中心，从而生成 IN14。在下一步中，质子从 Ru 中心转移到苯甲腈的氮原子，通过过渡态 TS14/15 生成 IN15，能垒为 16.9 kcal/mol。IN15 的生成在热力学上是有利的（−17.7 kcal/mol）。最后，初级苄胺产物被释放出来，催化活性物质 IN2 可以通过与 Ru 中心的再一次 H_2 配位而再生。事实上，根据预测在形成络合物 IN15 之前，催化循环总体上是强放热的（−17.7 kcal/mol）。总能垒为 21.8 kcal/mol（TS6/13）；即使在环境温度下也可能顺利进行[105]。

3.3.3　前线分子轨道（FMO）分析

通过详细的电子结构分析，可以很好地了解催化剂的内在特性和反应活性。特别是，确定涉及"H"转移的"H"的性质对于理解催化反应非常有帮助。图 3-4 给出了反应过程中关键过渡态结构的前线分子轨道（FMO）示意图。

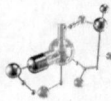

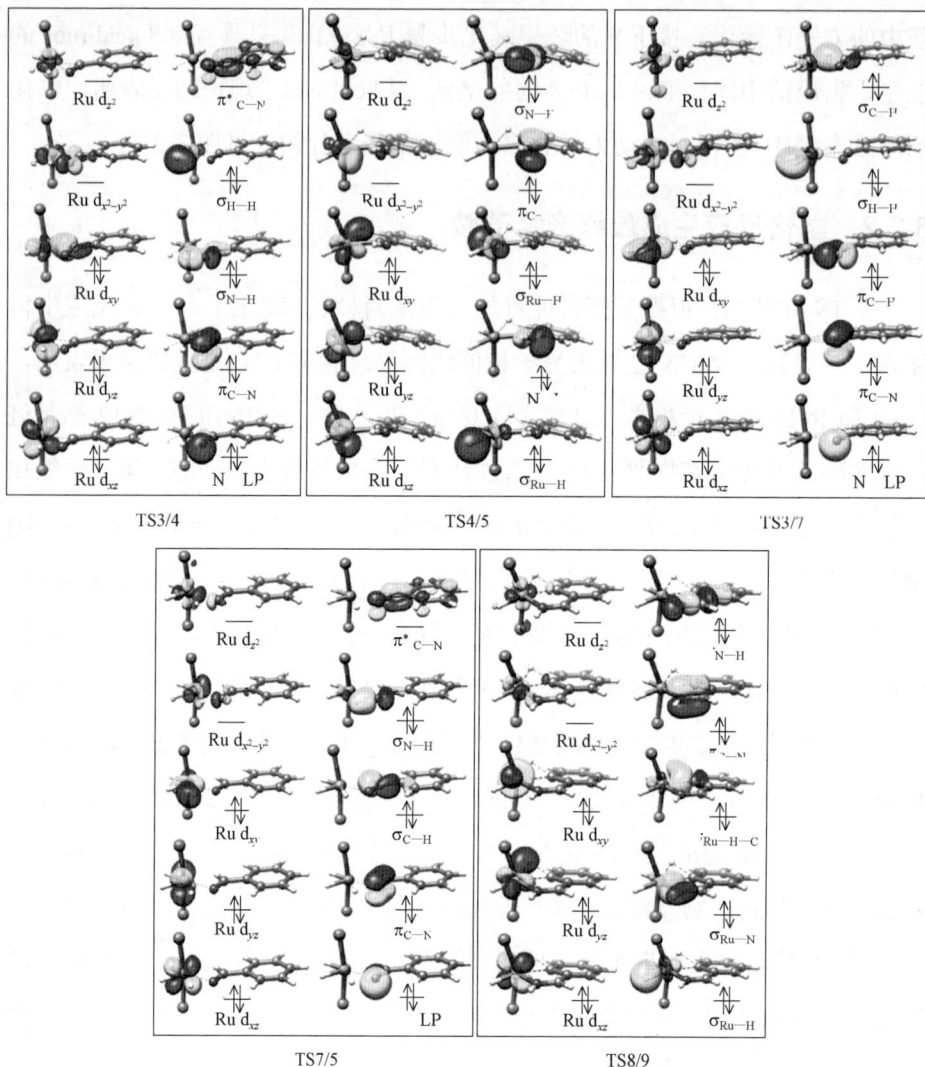

图 3-4　TS3/4、TS4/5、TS3/7、TS7/5 和 TS8/9 的前线分子轨道示意图

　　在催化剂静息态生成步骤中，涉及三次"H"转移。第一次"H"转移是从 IN3 中配位的 H_2 转移到 C≡N 分子的 N 原子上，从而在 IN4 中形成新的 Ru-H 键。如图 3-4 所示，可以看到这是一次质子转移，其中位于赤道面上的 $\pi_{(C≡N)}$ 轨道是质子接受轨道。随后，第二个"H"转移从 Ru 中心转移到 C≡N 分子的 C 原子上。有趣的是，在这一步中发生的是负氢转移，而不是质子转移。这两个步骤共同构成了 C≡N 三键的第一个氢化过程。第三次"H"转

移发生在芳基和 Ru 中心之间，最终生成循环金属化催化剂静息态 IN9。与 C≡N 分子的 C 原子和 Ru 中心之间的 "H" 转移类似，在这一步中也需要负氢转移（TS8/9）。最终产物苄胺生成过程中的电子转移也遵循上述相同的机理，即 C≡N 三键的 C 原子上的氢化是负氢转移，而 N 原子上的氢化是质子转移。

　　总之，催化过程中的 "H" 转移是以质子和负氢交替的方式进行的。这两种方式的结合使催化剂的性质几乎保持不变，并可重复使用。质子或氢化物转移的选择取决于接受原子的电子特性：对于电子相对丰富的原子 N，质子转移更可取；而对于电子相对缺乏的原子 C，氢化物转移更有利。因此，通过阐明 "H" 转移的不同性质及其反应顺序，可以加深对催化作用的理解，并为新催化剂的设计奠定基础。

3.4　结　论

　　研究了双氢配合物 $RuH_2(H_2)_2(PCyp_3)_2$ 催化苯腈（PhC≡N）加氢反应的详细几何结构、能量结构和电子结构。势能面表明，整个活化势垒都是中等大小的，这与实验结果一致，即反应可以在环境温度下进行。电子结构分析澄清了 "H" 转移的本质：对于电子相对丰富的位置，质子转移更有利；而对于电子相对缺乏的位置，氢化物转移更有利。这项理论研究揭示了氢化的原始性质，可能对新催化剂的设计很有价值。

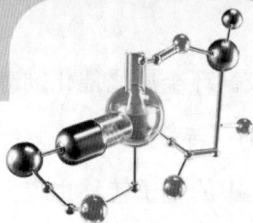

第4章 铁催化腈类化合物选择性氢化为仲胺的理论研究

4.1 引 言

胺是一种重要的有机化合物，存在于许多天然产品、药物、聚合物、农用化学品、纺织品和塑料化学品中[74-75,130]。其中，在医药方面，胺作为一类非常有效的药物官能团，存在于大多数药物结构之上。20 世纪的两类重要药物：青霉素类及磺胺类药物都是以环化或磺化的胺基作为核心药效基团。随着现代技术的发展，对胺类化合物的需求越来越多，合成胺的方法也在不断地改进。倡导绿色环保是目前社会发展的潮流和趋势，已经深入到社会发展的各个领域，绿色化学也已经成为当前化学研究的热点。传统的合成胺的方法包括胺与烷基卤化物或醇的直接碱促进 N-烷基化[131]、羰基化合物的还原胺化[132-133]，以及不饱和烃与胺的氢化反应[134-135]。这些传统合成胺的化学工艺由于反应比较剧烈，反应时间比较长，对环境的污染比较严重，已经逐渐被淘汰。当前越来越多的研究人员开始探索合成时间短、操作简便、产率高、绿色环保的新的合成胺类化合物的方法。腈类的催化氢化是合成胺类和席夫碱的高效原子经济性方法之一。腈类的催化氢化提供了一种有效的合成胺的方法。一个重要的例子就是己二腈氢化为聚酰胺 66（PA66）的前体物质 1,6-己二胺。到目前为止，腈催化加氢合成胺的工艺比较成熟，研究时间也比较长。在

工业上，腈类的氢化是基于使用异相催化剂（通常为钴[136-137]、铑[138]和钯[139-141]），但这些催化剂通常选择性较低，对官能团的耐受性有限。在腈的催化氢化过程中，可能会产生选择性较低的伯胺、仲胺甚至叔胺。使用以钌[142-143]、铑[144]和铱[101]为主的过渡金属配合物来控制选择性是一种极具吸引力的成功替代方法，在较温和的反应条件下选择性合成伯胺时通常表现出更好的性能。2010年，Reguillo[142]等在常温常压下用 $RuH_2(H_2)(PCyp_3)_2$ 催化苯乙腈氢化反应，该反应是第一个通过催化使分子内 C—H 键活化并捕捉到中间体胺的反应。2012年，Garcia 等在 140 ℃的温度条件下，利用 Ru 金属纳米粒子使脂肪族乙腈活化为三级胺，芳香族乙腈活化为二级胺[145]。值得注意的是，虽然上述反应的催化剂活性较高，但由于选用的这些贵金属 Rh、Pd、Pt 和 Ni 等，不仅价格昂贵而且在使用过程中易分离出极细的金属粉末，对人体都具有一定程度的毒性，在工业上得不到广泛的应用。由于环境问题和成本问题，开发基于地球上丰富的过渡金属催化剂的均相催化方案引起了越来越多化学工作者的关注，因为这些催化剂成本较低，毒性较小。值得注意的是，在过去几年中，铁[146-151]、钴[152-158]和锰[159-162]催化剂的应用取得了巨大成功。

2014 年，Beller 等报道了铁 PNP-钳形络合物催化氢化反应中，由相应的腈和二腈选择性合成伯胺和二胺。2015 年，Milstein 等提出了由钴夹心络合物催化的腈类化合物氢化生成伯胺的方法。2016 年，Beller 等研究了在 Fe(PNPCy)钳形配合物催化下，腈类化合物选择性氢化生成伯胺的反应。2016 年，Beller 等报道了由 Mn(I)-PNP 夹心络合物催化的腈类和羰基化合物的氢化反应。2017，Beller 等通过使用 $Co(acac)_3$ 和四齿膦的混合物，实现了伯胺的选择性生成。2017 年，Fout 等开发了一种由钴 NHC 基 CCC 夹心络合物和路易斯酸共同催化的选择性氢化，用于将腈类化合物转化为伯胺。这些研究大多局限于伯胺的合成，关于仲胺的研究报道非常少。由于难以控制亚胺的生成，腈类化合物选择性氢化生成仲胺是一个具有挑战性的任务。

2009 年，Garcia 等通过镍催化腈的均相加氢反应制备了仲亚胺[145]。然而，该反应需要较高的反应温度（140～180 ℃），且反应底物有限。2014 年，Berke

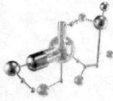

等证实了在非贵金属钼和钨钳形配合物催化下，腈类加氢生成相应的仲亚胺，需要高温高压（140 ℃，60 bar H_2）[163]。2015 年，Prechtl 等报道了在温和条件下（90 ℃，4 bar H_2），钌钳形配合物催化腈类加氢生成仲亚胺，但反应底物有限[164]。2017 年，Milstein 和 Chakraborty 报道了在 $NaHBEt_3$（1 mol%）和苯为溶剂的条件下，使用铁钳配合物[(iPr-PNP)Fe(H)Br(CO)]（1）作为催化剂前体（1 mol%），选择性催化腈类加氢生成仲亚胺的方法（见图 4-1）[148]，该方法选择性好，副产物少。在此基础上，Milstein 和合作者提出了相关铁催化的腈氢化机理。尽管上述机理是可信的，但机理的许多细节（包括竞争途径、关键中间产物、速率决定步骤和速率决定步能垒高度）尚未揭示。

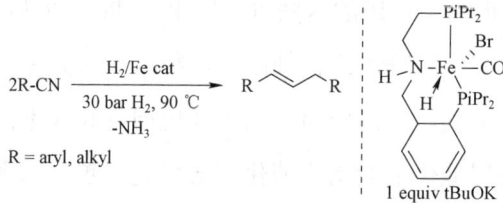

图 4-1　用于均相腈氢化的铁基催化剂[148]

在实验的基础上，一些科研小组对一些腈类氢化反应体系提出了可能的反应机理。这些建议的机理多数缺少直接的证据，例如，机理中涉及的一些中间体，很多都是未被检测到的。而且反应机理的细节，如涉及的中间体结构和反应能垒，以及影响这些细节的因素等都没有深刻的认识。使用的催化剂、配体、溶剂、添加剂等的改良还存在相当大的研究空间。因此，本研究选用过渡金属铁络合物为催化剂，从理论上揭示过渡金属铁催化活化腈类氢化反应完整的机理，探讨合成化学中影响催化反应的关键因素。进一步探索金属催化的新型反应体系，令该反应原子效率更高，生产成本更低，反应条件简单易行、环境友好，符合绿色化学和可持续发展的需求，也能更好地满足工业生产之需要。通过量子化学方法深入研究，不仅可以揭示催化反应的微观机理，可以为过渡金属催化体系的研究提供有价值的见解，有助于改进方案的制定，并为进一步的研究提供有价值的线索。

4.2　计算细节

所有 DFT 计算均使用 Gaussian 09 软件包进行[70]。使用 M06-2X 函数[165-166]对反应物、中间体、过渡态和产物在内的结构进行频率计算优化，并使用混合基组（C、H、N、O 和 P 采用 6-311G(d,p)基组，Fe 采用 LANL2DZ 赝势基组[120,167]）。为了考虑苯的溶剂效应，所有类型的计算都采用了 Truhlar 等[72]提出的 SMD 溶剂模型。所有稳定物种都得到了完全优化，没有任何几何或对称限制。通过振动分析研究了虚频为零的最小态和只有一个虚频的过渡态。进行了内禀反应坐标（IRC）[73]计算，以确保每个过渡态都有相连的两个极小值。在本章节中，除非另有说明，所有物种的相对稳定性都是通过在甲苯中计算的标准状态下的相对吉布斯自由能来讨论的。NBO 电荷是在优化结构的基础上计算得出的。优化结构的三维图由 UCSF Chimera 可视化软化绘制[168-169]。

4.3　结果和讨论

采用密度泛函理论对铁催化腈类制仲间亚胺进行了全面的机理研究。在 Chakraborty 和 Milstein[148]所研究的各种反应中，本书选择了方程式（9）作为详细机理研究的代表性反应，因为产物的转化率和收率均超过 99%。在该反应中，[(iPr—PNP)Fe(H)Br(CO)]用作催化剂前体（IN1），底物是相对较小的分子 BrPhC≡N（IN2）。反应从催化剂前体 IN1 在碱诱导下，HBr 消去开始，生成催化活性物种 A[(iPr—PNP)Fe(H)(CO)]。在接下来的讨论中，将从催化剂 A([(iPr—PNP)Fe(H)(CO)])与底物 BrPhC≡N 的相互作用来介绍催化循环。首先，考虑了络合物 A 的可能存在的自旋态，以检查能量最低的多重态。结果发现，三重态比单重态稳定 10.3 kcal/mol。当然，需要注意的是，底物与催化剂之间的相互作用可能会引起单重态和三重态之间的自旋交叉。因此，在机理研究中，同时考虑了单重势能面和三重势能面上的反应途径。^{1}A 和 ^{3}A[①]的

---

① 左上角数字 1 代表单重态，3 代表三重态。

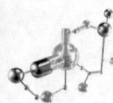

前线分子轨道如图 4-2 所示。从图 4-2 中可以看出，络合物 ^1A 的 Fe $3d^6$ 阳离子处于 $(d_{xz})^2(d_{yz})^2(d_{xy})^2$（单重态，S=0）的低自旋电子态。络合物 ^3A 处于 $(d_z^2)^2(d_{xy})^2(d_{yz})^1(d_{xz})^1$（三重态，S=1）的高自旋基电子态。对于 ^3A，未占据的分子轨道（Mos）主要定位于 Fe $d_{x^2-y^2}$。最高占位分子轨道（HOMO）主要由 83.5% 的 d_{xy}(Fe) 组成，HOMO-1 和 HOMO-2 主要由 89.1% 的 d_z^2(Fe) 和 35.8% 的（Fe）、56.4% 的（H）σ_{Fe-H} 组成。SOMO 主要定位于 Fe $d_{xz/yz}$。^3A 中 Fe 中心的线性配位环境导致在 Fe $3d_{z^2}$ 和 H 1s 原子轨道之间形成一个 σ 键。

在下面的讨论中，所有相对能量都是根据在 1 atm 和 298.15 K 温度条件下苯溶液中的吉布斯自由能计算得出的。1 mol 处于三重态的络合物 A[(iPr—PNP)Fe(H)(CO)]、1 mol 氢和 1 mol 底物 2 的总吉布斯自由能被用作相对能量计算的参考零点。

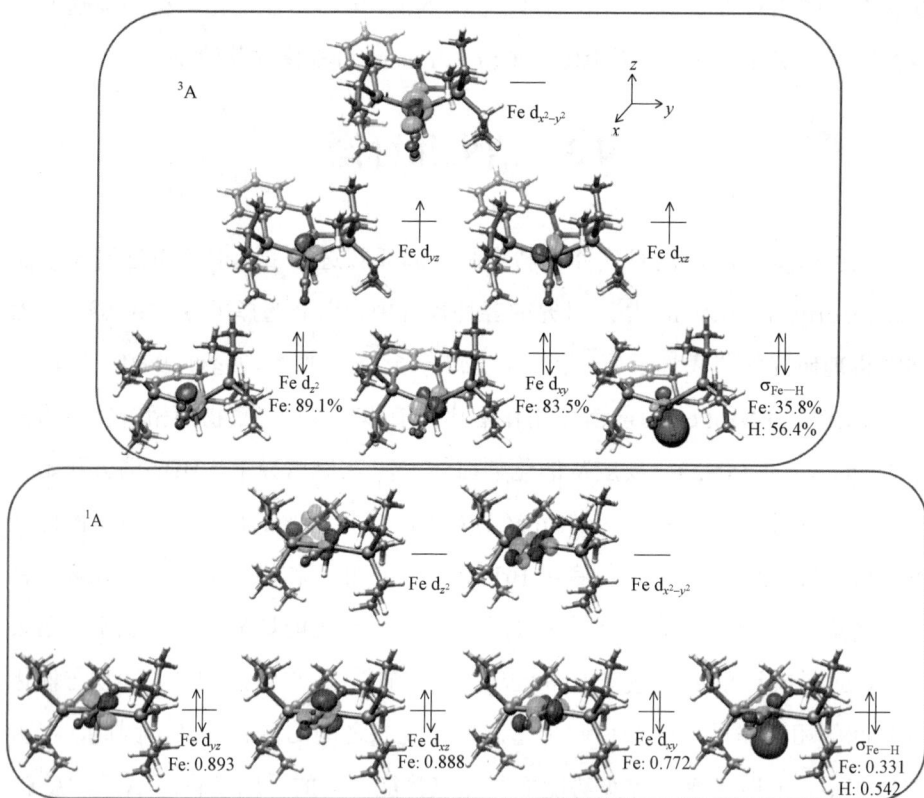

图 4-2　[(iPr—PNP)Fe(H)(CO)](^1A 和 ^3A)的前线分子轨道图

根据理论计算结果并为了讨论方便起见，将反应机理分为两步，如图 4-3 所示。第一步，A 催化对溴苯腈（$BrPhC\equiv N$，IN2）转化为苯甲醛胺（$BrPhCH=NH$）和伯胺（$BrPhCH_2NH_2$）；第二步，苯甲醛亚胺与一级胺缩合生成二级亚胺（$BrPhCH_2=CHPhBr$）。

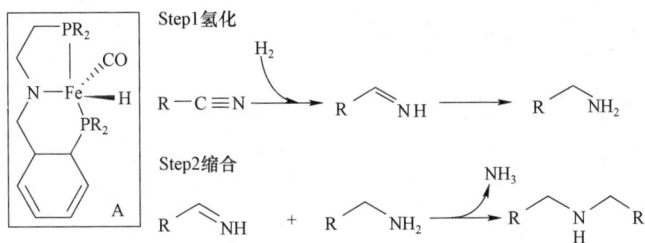

图 4-3　A 催化腈加氢反应的两种反应状态

4.3.1　对溴苯腈到苯甲醛胺和伯胺的催化转化

计算得到的 $BrPhCH=NH$ 和 $BrPhCH_2NH_2$ 的自由能势能图如图 4-4 所示。图 4-5 展示了部分中间体和过渡态的优化结构。为了方便讨论，原子的编号如图 4-4 所示。

第一步是 A 活化氢气，经过过渡态 $TS(A+H_2)/B$ 生成顺式二氢络合物 B。中间 B 和对溴苯腈（$BrPhC\equiv N$，IN2）通过过渡态 $TS(B+IN2)/(C+IN3)$ 经历协同质子转移（PT）和氢原子转移（HAT）步骤，生成中间体 C。下一步，C 可以分解生成苯甲醛亚胺（$BrPhCH=NH$）并再生活性催化络合物 A。B 对 $BrPhCH=NH$ 的进一步氢化将通过过渡态 $TS(B+3)/(4+A)$ 伯胺 $BrPhCH_2NH_2$（IN4）。

所有这些步骤都可能在单重态和三重态势能面上发生。从图 4-4 中可以看出，三重态势能面反应路径位于单重态势能面反应路径之下。沿着三重态反应途径，氢气活化反应吸能 1.9 kcal/mol，计算得出 $^3TS(^3A+H_2)/^3B$ 处的势垒高度为 23.3 kcal/mol。这样的势垒表明，将 H_2 直接加到 A 中在动力学上是有利的，只需在室温下进行反应即可。对于 $TS(A+H_2)/B$，H^2 和 H^3 的自然电荷分别为 -0.136 e 和 0.255 e，这表明 H^2 是氢负离子转移，而 H^3 是质子转移。

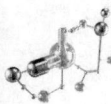

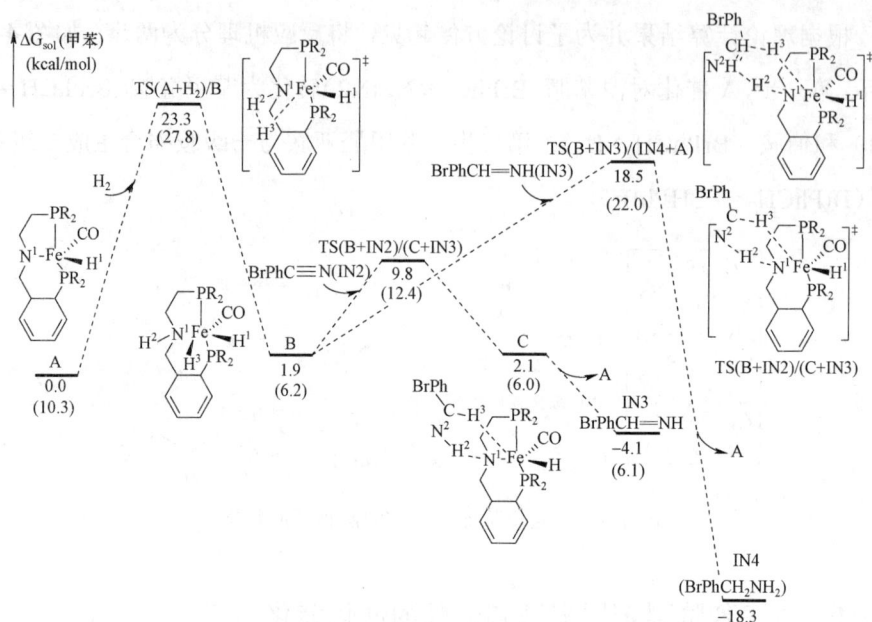

图 4-4　A 催化对溴苯腈（BrPhC≡N）向苯甲醛胺（BrPhCH＝NH）和伯胺
（BrPhCH₂NH₂）转化的相对自由能曲线

注：能量单位为 kcal/mol，括号中的数字表示单重态下的相对自由能。

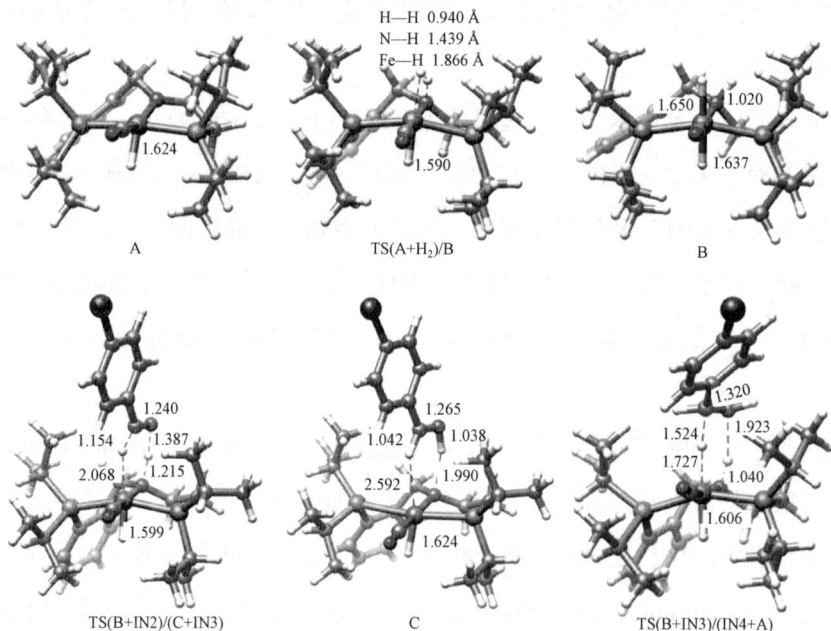

图 4-5　在 A 催化下形成苯甲醛亚胺（BrPhCH＝NH）和伯胺（BrPhCH₂NH₂）的
部分中间体和过渡态的几何构型

注：键长单位为 Å。

由于过渡态 $^3TS(^3B+2)/(^3C+3)$ 的能垒仅比 $^3B+2$ 和 $^3C+3$ 分别高 7.9 和 7.7 kcal/mol，因此 ^3B 对苯甲二胺的氢化很容易发生在三重态势能面上达到平衡。与起始反应物相比，中间体 ^3C 的形成略有吸热，自由能为 2.1 kcal/mol，这表明 C 很容易形成。对于 $^3TS(^3B+2)/(^3C+3)$，H^2 和 H^3 的自然电荷分别为 0.433 e 和 0.062 e，表明 H^2 是质子转移，H^3 是氢转移。从图 4-5 可以看出，在过渡态 $^3TS(^3B+2)/(^3C+3)$ 中，$Fe—H^3$、$C—H^3$、$N^1—H^2$ 和 $N^2—H^2$ 的键长分别为 2.068、1.154、1.215 和 1.387 Å。在络合物 ^3C 中，$Fe—H^3$、$C—H^3$、$N^1—H^2$ 和 $N^2—H^2$ 的键长分别为 2.592、1.042、1.990 和 1.038 Å。^3C 的 $N^1—H^2$ 间键长拉长到 1.990 Å，比络合物 ^3B 的 1.018 Å 长约 0.972 Å。$Fe—H^3$ 的键长被拉长到 2.592 Å，比 ^3B 的距离（1.605 Å）长约 0.987 Å。分析结果表明，对于 ^3C，Fe 和 N 的 H 原子完全转移到了 $BrPhC≡N$ 的 C 原子和 N 原子上。通过过渡态 $^3TS(^3B+C)/(^3C+3)$，腈被直接氢化为亚胺，并进一步还原为伯胺。

伯胺 $BrPhCH_2NH_2$(IN4)形成和 A 的释放是通过过渡态 $^3TS(^3B+IN3)/$ $(IN4+^3A)$快速进行的。计算表明，A 的再生活化自由能势垒为 18.5 kcal/mol，反应放热 18.3 kcal/mol。这些结果表明，伯胺的形成和活性催化络合物 A 的再生是一个容易的过程。与从腈到胺的第一步相比，从亚胺到伯胺的第二步确实相对容易。

对溴苯腈（$BrPhC≡N$）转化为苯甲醛胺（$BrPhCH=NH$）和伯胺（$BrPhCH_2NH_2$）的总能垒为 23.3 kcal/mol（见图 4-4），这在实验条件（90 ℃，C_6H_6 溶剂，30 bar H_2）下应该是可行的[148]。整个反应在热力学上是有利的，可以通过释放苯甲醛亚胺（$BrPhCH=NH$）来驱动。

值得注意的是，虽然单重态势能面（PES）上的所有物种（包括局部极小值和过渡态）的能量都高于相应的三重态 PES 上的物种，但单重态 PES 上的 $^1TS(^1A+H_2)/^1B$ 和 $^1TS(^1B+IN2)/(^1C+IN3)$ 的能垒分别为 27.8 kcal/mol 和 12.4 kcal/mol。而三重态下过渡态 $^3TS(^3A+H_2)/^1B$ 和 $^3TS(^3B+IN2)/(^3C+IN3)$ 的能垒分别为 4.5 kcal/mol 和 3.6 kcal/mol。比相应的单重态下过渡态的能垒高了 23.3 kcal/mol 和 12.4 kcal/mol。因此可以预期，在低温条件下，苯甲醛亚胺

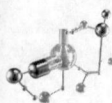

的二氢活化和氢化反应主要发生在三重势能面上，但随着温度的升高，三重态反应在这两个步骤中也可以发挥重要作用。

4.3.2 苯甲醛亚胺（BrPhCH＝NH）与伯胺（BrPhCH₂NH₂）缩合生成仲胺（BrPhCH₂N＝CHPhBr）

4.3.2.1 无金属催化缩合反应

根据 Milstein 和 Chakrabory 的实验[148]，苯甲醛亚胺与伯胺反应生成仲亚胺。首先，考虑在没有金属催化剂的情况下，苯甲醛亚胺与伯胺发生缩合反应，得到仲亚胺。图 4-6 描述了苯甲醛亚胺与伯胺缩合生成仲亚胺（包括 NH_3 和 BrPhCHNH 辅助氢转移步骤）的自由能势能曲线。图 4-7 展示了该步反应中涉及的中间体和过渡态的几何构型。

伯胺（BrPhCH₂NH₂）形成后，伯胺与苯甲醛亚胺（BrPhCH＝NH）反应，后者发生分子间氢迁移，通过过渡态 TS(IN3 + IN4)/D 形成络合物 D。这一步骤需要相对较高的势垒高度 48.2 kcal/mol。当这一步骤得到 BrPhCH＝NH 或 NH_3 分子的外部辅助时，TS(IN3 + IN4)/D 的势垒高度可分别降低到 42.7 kcal/mol 和 38.9 kcal/mol。在外部 BrPhCHNH 或 NH_3 分子的辅助下，TS(IN3 + IN4)/D 能垒分别降低了 5.5 kcal/mol 和 9.3 kcal/mol。络合物 D 的生成包括质子转移和 C—N 键的形成。形成 D 有轻微的吸热（0.6 kcal/mol）。分子内的氢转移随后通过过渡态 TSD/P，生成最终产物仲亚胺，同时释放出副产物 NH_3。这需要克服 47.5 kcal/mol 的能垒，当反应得到一个 BrPhCH＝NH 或 NH_3 分子的辅助时，能垒分别略微降低到 43.8 kcal/mol 和 40.0 kcal/mol。

从以上讨论可以看出，苯甲醛亚胺或 NH_3 辅助 H 迁移对于降低（IN3 + IN4）→D 和 D→P 两个步骤中的 H 迁移能垒至关重要。最后，NH_3 和所需的仲胺产物 P（BrPhCH₂N＝＝CHPhBr）放出 2.3 kcal/mol 热量。整个反应的最后一步是形成仲胺。TS(IN3 + IN4)/D（NH_3 辅助）和 TSD/P（NH_3 辅助）的能垒分别为 38.9 kcal/mol 和 40.0 kcal/mol。

在没有催化剂的情况下，苯甲醛亚胺（BrPhCH＝NH）与伯胺（BrPhCH$_2$NH$_2$）反应生成仲胺（BrPhCH$_2$N＝CHPhBr）的总能垒为 40.0 kcal/mol（见图 4-6），这在实验条件下是不可行的。这些不利的结果表明应进一步考虑在催化作用下进行缩合反应。

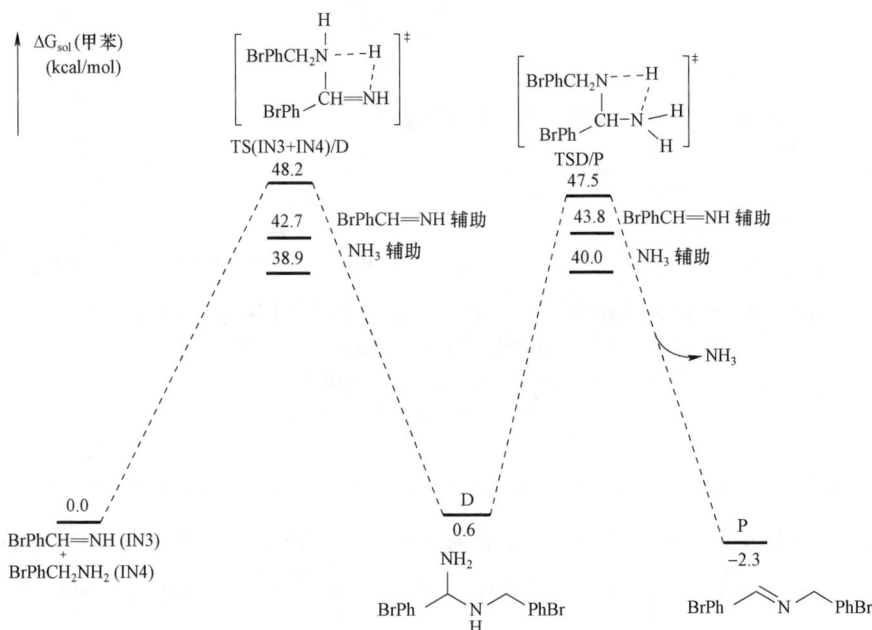

图 4-6　苯甲醛亚胺（BrPhCH＝NH）与伯胺（BrPhCH$_2$NH$_2$）在无催化情况下缩合生成仲胺（BrPhCH$_2$N＝CHPhBr）的自由能曲线

注：能量单位为 kcal/mol。

4.3.2.2　过渡金属催化缩合反应

在过渡金属铁络合物[(iPr—PNP)Fe(H)Br(CO)](A)催化剂的催化下，苯甲醛亚胺（BrPhCH＝NH）与伯胺（BrPhCH$_2$NH$_2$）发生缩合反应，生成二级亚胺（BrPhCH$_2$N＝CHPhBr）。图 4-8 给出了在过渡金属催化下，苯甲醛亚胺与伯胺缩合生成二级亚胺的势能面曲线。图 4-9 给出了所涉及的中间体和过渡态的几何结构。

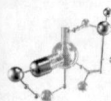

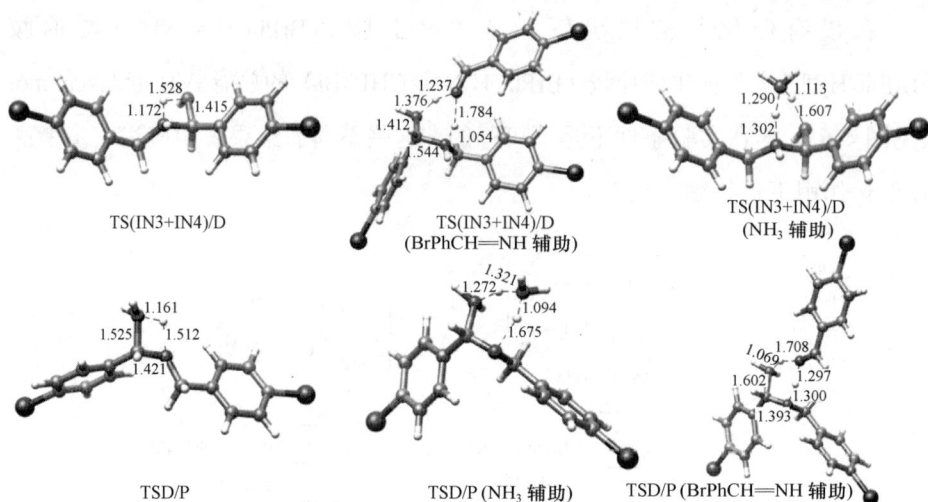

图 4-7　苯甲醛亚胺（BrPhCH＝NH）与伯胺（BrPhCH₂NH₂）在无催化情况下
缩合生成仲胺（BrPhCH₂N＝CHPhBr）过程中涉及的
中间体和过渡态的几何构型

注：键长单位为 Å。

在存在 A 的情况下，BrPhCH₂NH₂ 中的 H 通过氢转移过渡态
³TS(IN3＋IN4＋A)/E（发生转移，形成中间体 E，该过程需要克服的过渡态能
垒为 38.8 kcal/mol。在 NH₃ 分子的作用下，氢转移过渡态 ³TS(IN3＋IN4＋A)/E
的能垒可以降低到 27.8 kcal/mol。与直接氢转移相比，NH₃ 辅助氢转移能垒可
降低 11.0 kcal/mol。这个过程是微放热反应（－1.3 kcal/mol）。表明该过程在
NH₃ 分子的辅助下得到加强。然后，通过过渡态 ³TSE/F（能垒为 29.3 kcal/mol），
CH₂—NH 中 NH 上的 H 质子转移到 CH—NH 的 N 原子上，形成中间体 ³F
（－2.8 kcal/mol），随后，配体 N¹ 上的氢原子通过能垒为 23.8 kcal/mol 的过渡
态 ³TSF/P 转移回 NH₂，释放出 NH₃，生成最终产物，催化剂也再次被释放出
来。对于 A 催化的苯甲醛胺与伯胺的缩合反应，NH 上的质子通过过渡态 ³TSE/F
从 CH₂—NH 转移到 CH—NH 的 N 原子是决定反应速率的一步（30.6 kcal/mol）。
有催化剂的反应势垒高度明显低于无催化剂的反应势垒高度，反应更容易
进行。

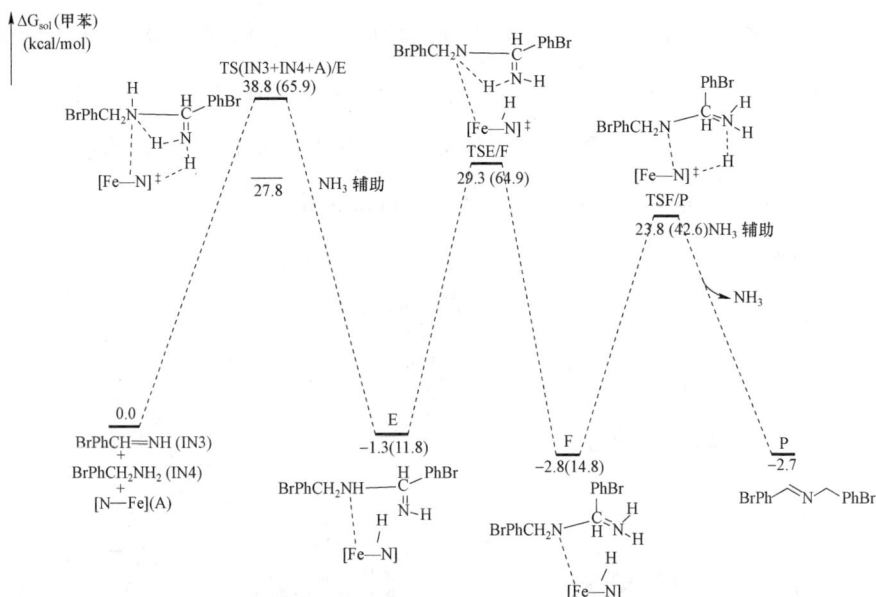

图 4-8　在催化作用下，苯甲醛亚胺（BrPhCH＝NH）与伯胺（BrPhCH₂NH₂）缩合生成
仲胺（BrPhCH₂N＝CHPhBr）的相对自由能曲线

注：能量单位为 kcal/mol，括号中的数字表示单重态下的相对自由能。

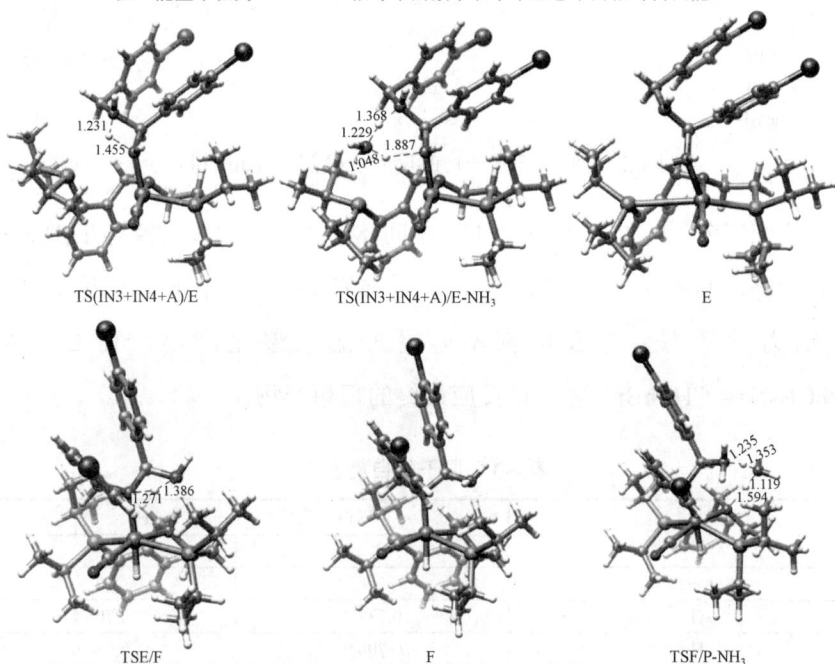

图 4-9　在催化作用下，苯甲醛亚胺（BrPhCH＝NH）与伯胺（BrPhCH₂NH₂）缩合生成
仲胺（BrPhCH₂N＝CHPhBr）的部分中间体和过渡态的优化结构

注：键长的单位为 Å。

在催化循环过程中，在金属催化剂的作用下，二级亚胺（P）可以与伯胺（IN4）或乙腈反应生成三聚化产物。然而，二级亚胺（BrPhCH$_2$N＝CHPhBr）与乙腈进一步反应生成三聚化产物需要克服高达 100 kcal/mol 的能垒（见图 4-10）。生产三聚化产物的反应吸热 6.9 kcal/mol。

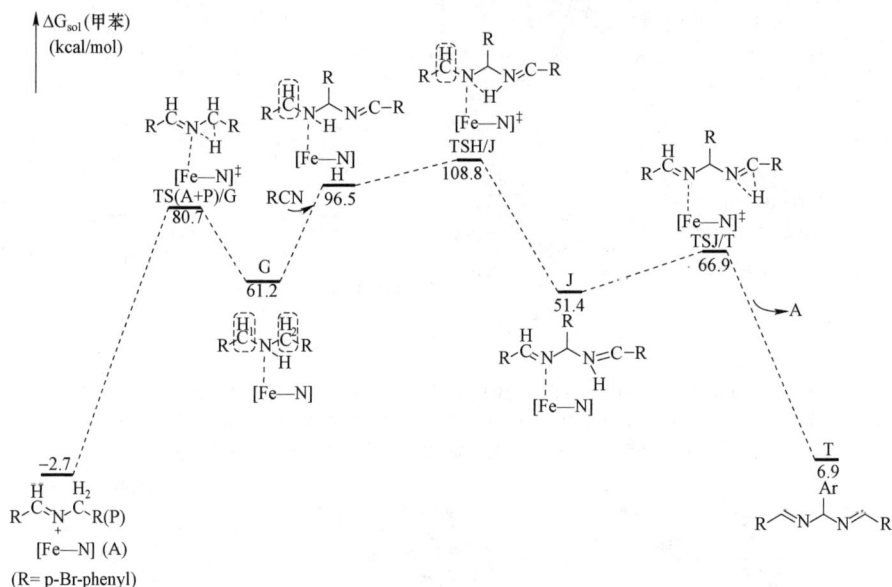

图 4-10　形成三聚产物的反应能垒图（kcal/mol）

自旋密度分析（见表 4-1）表明，中间体 G 和 H，以及过渡态 TSH/J 为碳原子自由基，其相对吉布斯自由能均大于 50 kcal/mol。因此，无论从热力学还是动力学考虑，该反应都不容易形成三聚化产物，而二级亚胺（BrPhCH$_2$N＝CHPhBr）才是该反应最终的理想产物。

表 4-1　原子的自旋密度

种类	自旋密度/（electron/bohr^3）	
	C^1	C^2
TS(A＋P)/G	0	0
G	0.732 7	0.703 4
H	0.700 9	0.027 6
TSH/J	0.610 9	0.010 6
J	−0.006 4	−0.005 2
TSJ/T	−0.005 5	−0.004 7

4.4 结 论

采用密度泛函理论中的 M06-2X 方法研究了铁络合物[(iPrNP)Fe(H)Br(CO)]在苯溶剂中催化腈合成二级亚胺的反应机理。初始的[(iPr—PNP)Fe(H)Br(C)]络合物可以生成活性物种[(iPr—PNP)Fe(H)(CO)]。整个机制包括两个关键过程：第一，在催化剂的作用下，对溴苯腈（BrPhC≡N）转化为苯甲醛亚胺（BrPhCH≡NH）和伯胺转化（BrCH₂NH₂）；第二，苯甲醛亚胺与伯胺缩合生成仲亚胺。计算结果表明，通过 TSD/P 生成二级亚胺（BrPhCH₂N≡CHPhBr）的总的能垒为 47.5 kcal/mol。尽管使用 NH$_3$ 辅助可以降低氢迁移步骤的能垒，但在没有催化剂的情况下，苯甲醛亚胺（BrPhCHNH）与伯胺（BrPhCH₂NH₂）反应生成二级亚胺（BrPhCH₂N≡CHPhBr）的能垒仍高达 40.0 kcal/mol，这在实验条件下应该是不可行的。金属催化剂作用下缩合反应总能垒（30.6 kcal/mol）低于无金属催化剂（40.0 kcal/mol）的情况。金属催化剂作用下缩合反应可以在实验给定的温度下进行。理论结果使人们对其机理有了更深入的了解，并充分解释了实验事实。这项研究的结论无疑将有利于设计出更好的借氢催化体系的设计。

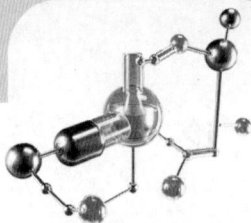

第5章 锰催化偶氮（N═N）键氢化为胺反应机理的理论研究

5.1 引 言

苯胺是重要的有机化工原料和精细化工中间体[170]，可以作为生产多种产品和中间体的原料，在工业、农业、医药、生产、生活等诸多领域有着广泛的应用[83-171]。合成苯胺的方法很多，其中常用的有硝基苯铁粉还原法[172-175]、硝基苯催化加氢法[176-178]和苯酚氨化法[179]。硝基苯催化氢化具有反应温度低、副反应少、催化剂寿命长等优点。苯酚氨化反应可生成高纯度苯胺产品，催化剂可长期保持活性。氯苯高压氨化反应也是生产苯胺的一种方法，氯苯在高压下与浓氨反应，生成副产物氯化铵，氯化铵是一种有价值的肥料。氯苯氨化法的效果不如苯酚氨化法，而且有腐蚀设备的缺点。用这些传统工艺生产苯胺有许多缺点，如步骤繁多、操作条件苛刻、额外的试剂和副产品多，对环境有害。

不饱和 N═N 键的直接胺化也是合成苯胺的一种重要方法（见图5-1），它将多步反应转化为一步反应，从而大大提高了反应的原子经济性和副产物的环境友好性[180-181]。但目前，该方法受热力学平衡的控制，苯胺的产率较低。

(a)　$R-N{=}N-R$ $\xrightarrow{H_2}$ $\begin{array}{c}R\\HN-NH\\R\end{array}$ $\xrightarrow{H_2}$ $2RNH_2$

(b)　$N{\equiv}N$ $\xrightarrow{H_2}$ $NH{=}NH$ $\xrightarrow{H_2}$ NH_2-NH_2 $\xrightarrow{H_2}$ $2NH_3$

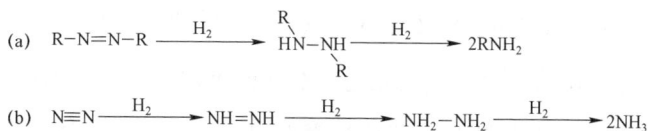

图 5-1　肼加氢将不饱和 N≡N 键转化为胺

　　开发苯胺产品及其衍生物，尤其是精细化工产品，对于扩大苯胺的市场容量，提高企业的经济效益具有极其重要的意义。近年来，将偶氮化合物转化为胺的异相催化和生物催化反应已有报道[182-190]。然而，这些反应大多条件苛刻、收率低，因此有必要开发简单、快速、有效和可持续的偶氮化合物加氢转化为胺的替代方法。目前，氢化催化剂主要是贵金属，如 Pd、Pt 和 Ru，它们具有良好的活性和耐久性。2005 年，Frediani 等报道了钌催化偶氮苯在氢压（100 bar）下氢化成胺的过程[191]。Lin 等报道了在氢气压力（40 bar）下，采用钴催化剂将硝基烯烃、腈类和异氰酸酯异相催化氢化成相应的胺，并取得了优异的活性和选择性[192]。2021 年，Guillamón 等报道了使用 Mo_3S_4 团簇催化偶氮苯加氢反应[188]。也有报道称，偶氮衍生物可通过转移加氢或使用氢供体拆分为相应的胺，但这两种方法都需要加入一定比例的添加剂。将偶氮化合物转化为胺的方法大多基于硝基化合物还原中间体偶氮苯或肼的还原。但由于其价格昂贵、丰度低，不利于长期实际应用。因此，开发低成本、绿色、高效的催化加氢催化剂迫在眉睫。近年来，人们对非贵金属催化剂的开发和利用越来越感兴趣。铁基、锌基、钴基和镍基材料有望成为贵金属催化剂的替代品。2003 年，Gowda 等报道了在廉价金属锌催化下将偶氮化合物还原成肼化合物的方法[193]。该反应快速、清洁、产率高、成本低。2004 年，Prasad 等报道了一种在室温下利用雷尼镍催化肼和苯胺的不对称偶氮化合物的快速、选择性方法（见图 5-2）[194]。

　　寻找一种简单、高效、绿色、无废料且具有成本效益的均相催化体系来制备苯胺仍然是科学家们面临的一项挑战。近年来，人们对开发用于氢化反

应的金属催化剂产生了浓厚的兴趣[161-162,195-196]。最近，Milstein 等[197]报道了在锰钳形络合物 Mn(PhPNN)(CO)$_2$Br（CA-4）催化下氢化偶氮化合物，生成胺的收率很高，如图 5-3 所示。反应通常在 3 mol%^{t}BuOK 的存在下，于 130 ℃、30 bar H$_2$ 压力下在四氢呋喃（THF）溶液中进行。该反应体系简单、温和、高效，无须添加酸、配体、添加剂等。实验证明了 Mn-NNP 催化剂优于 PNP 催化剂[198]。

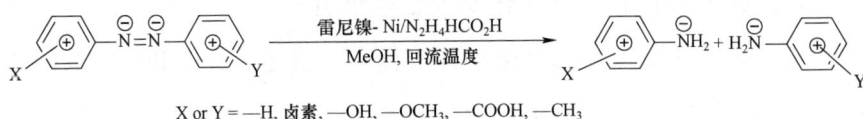

X or Y = —H, 卤素, —OH, —OCH$_3$, —COOH, —CH$_3$

图 5-2　室温下在雷尼镍催化下肼和苯胺的反应

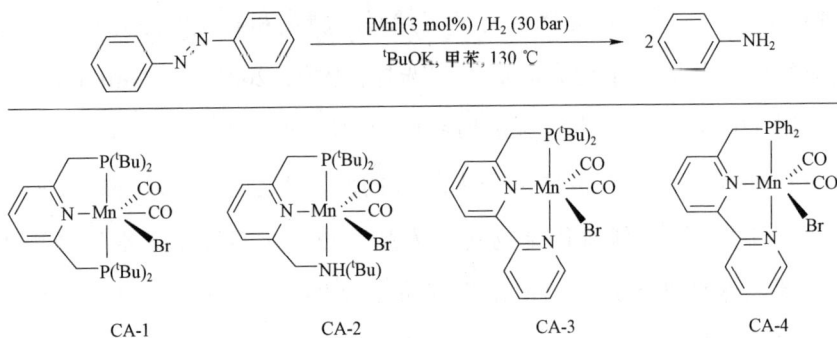

图 5-3　Mn(PhPNN)(CO)$_2$Br 催化偶氮化合物加氢制胺

文献中提出了催化循环的可能机理（见图 5-4）[197]。虽然提出的机理可用来解释实验现象，但反应机理的细节还很模糊。机理的许多细节（包括竞争途径、关键中间产物、决定速率的步骤和决定速率的能垒高度）尚未揭示。因此，对该锰催化反应机理的细节进行了理论计算，为实验提供了更好的参考和一些有价值的理论信息，这将有助于这类反应在有机合成中的应用。

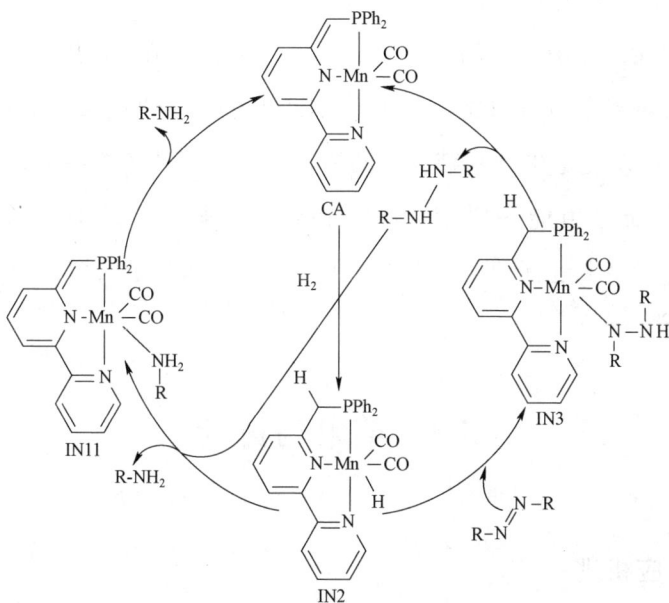

图 5-4　锰催化偶氮苯胺催化循环图[197]

5.2　计算细节

以从晶体结构（CCDC-2051750）中提取的锰配合物 Mn(PhPNN*)(CO)$_2$(PhNH$_2$)的几何参数为标准。用常用的密度泛函方法（PBE0、BP86、B3LYP 和 M06-2X）测试了 Mn(PhPNN*)(CO)$_2$(PhNH$_2$)优化几何构型的几何偏差，结果表明 PBE0 方法给出的几何构型最接近晶体结构中的几何构型。因此，在研究锰催化机理中涉及的各种稳定物种的电子结构和能量性质时，选择了 PBE0 方法[199-201]。据报道，PBE0 方法相对于 PBE 增加了 25%的 Hartree-Fock 交换项，可以给出更精确的电子结构和反应能垒。在锰催化偶氮键氢化成胺的反应物、中间体、过渡态和产物的几何构型优化和能量计算中，非金属原子采用了 6-311G(d,p)基组，锰采用了赝势基组 SDD[202]，溶剂 THF 采用了连续溶剂模型 SMD[72]。在同一水平上，计算了优化构型的频率，并得到了相应

的零点能和振动频率。除了过渡态只有一个虚拟频率外，所有结构都没有虚频。利用内禀反应坐标（IRCs）[73]验证了反应物、过渡态、中间体和生成物之间的相关性，并确定了相应的反应通道。随后讨论中使用的能量是 THF 溶剂中的相对吉布斯自由能。催化剂 Mn(PhPNN*)(CO)$_2$(CA)的相对能量是通过从 CA 的总能量中分别减去中间体、过渡态和产物的能量计算得出的，CA 的吉布斯自由能为零点（0 kcal/mol）。本书涉及的所有计算均在 Gaussian09 程序中进行[70]。三维（3D）几何结构和分子轨道图使用 Chimera 软件绘制[129]。

5.3　结果与讨论

5.3.1　反应机理

Milstein 等用 4 种不同的催化剂、2 种溶剂和 15 种底物进行了实验，得到了不同比例的产物[197]。本书选择实验结果最好的 Mn(PhPNN)(CO)$_2$Br 催化剂作为催化剂前驱体，该催化剂很容易与 'BuOK 反应，除去一分子 KBr 后得到活性催化物种 Mn(PhPNN*)(CO)$_2$。为了便于描述，Mn(PhPNN*)(CO)$_2$ 用 CA 表示，偶氮苯（Ph—N＝N—Ph）用 R1 表示，中间体用 INn 表示，过渡态用 TSn 表示（n 为序数），产物用 P 表示。

为了启动催化循环，CA-4 通过与强碱 'BuOK 反应转化为 CA。在 'BuOK 存在下去除 KBr 的详细机理如图 5-5 和图 5-6 所示。从图 5-5 和图 5-6 中可以看出，中间体 IN1a 是由 CA-4 和 'BuOK 之间的静电作用形成的，然后—CH$_2$—上的一个 H 原子通过过渡态 TS1a 转移到 'BuO—的 O 原子上形成 'BuOH，得到 IN2a。IN2a 失去一个 'BuOH 分子，钾离子与溴原子结合，形成 IN3a。下一步，KBr 通过过渡态 TS2a 被消除，生成低配位、高活性的锰催化剂 Mn (PhPNN*)(CO)$_2$（CA）。

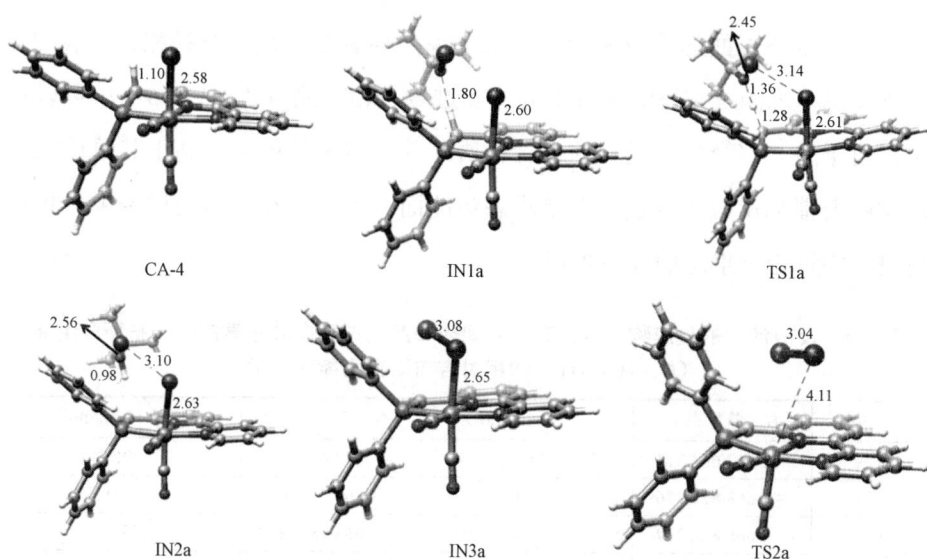

图 5-5　CA 形成过程中部分中间体和过渡态的几何构型

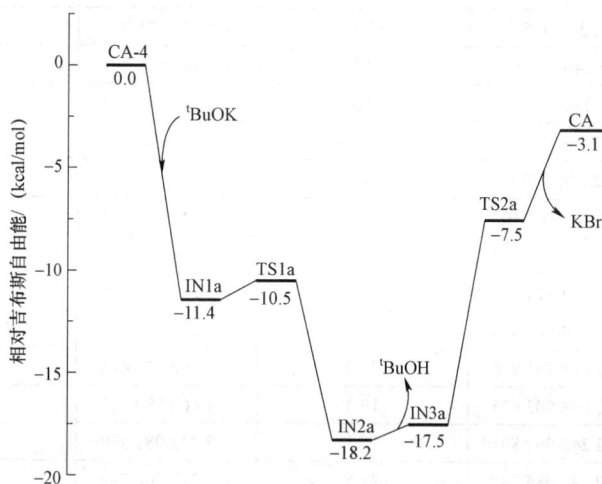

注：键长单位为 Å。

图 5-6　CA-4 转化为 CA 的相对吉布斯能量曲线

从图 5-4 中可以看出，催化循环的起点是 Mn(PhPNN*)(CO)$_2$（CA）。在 CA 中，Mn(Ⅰ)原子处于 d^6 构型，可能会出现单重态和三重态两种反应状态。在 PBE0 水平上，计算了 CA 的单重态和三重态的吉布斯自由能，结果表明最低的单重态比最低的三重态稳定 4.8 kcal/mol。在这个机理研究中，考虑了单

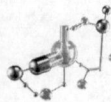

重态和三重态表面的反应路径，结果发现两种表面的反应路径相似。表 5-1 给出了单重态和三重态表面各中间体和过渡态相对能量值。从表 5-1 中可以看出，对于参与整个反应过程的每种物质，其三重态的能量都高于其单重态，这意味着催化反应主要发生在单重态势能面。因此，在下面的讨论中，将不再进一步讨论三重态的反应机理。

表 5-1　反应涉及的反应物、过渡态、中间体和产物单重态和三重态的吉布斯自由能（G，Hartree）和相对吉布斯自由能（G_{rel}）

种类	G（单重态）	G_{rel}/（kcal/mol）	G（三重态）	G_{rel}-T/（kcal/mol）
CA	−1 667.664 813	0.0	−1 667.657 094	4.8
TS1	−1 668.825 376	5.4	−1 668.787 951	24.0
IN1	−1 668.828 359	3.5	−1 668.786 463	25.0
TS2	−1 668.798 821	22.1	−1 668.754 772	49.71
IN2	−1 668.846 152	−7.6	−1 668.813 268	8.2
PhNNPh	−572.083 306	—	—	—
TS3	−2 240.915 56	1.1	−2 240.901 095	5.3
IN3	−2 240.946 703	−18.5	−2 240.936 761	−17.1
TS4	−2 240.943 482	−16.4	−2 240.901 487	5.1
IN4	−2 240.965 75	−30.4	−2 240.922 069	−7.8
TS5	−2 240.870 95	29.1	—	—
IN5	−2 240.963 402	−28.9	−2 240.932 760	−14.5
TS6	−2 240.909 714	4.8	12.000 000	12.0
IN6	−2 240.914 269	1.9	−2 240.873 669	22.5
TS7	−2 240.888 368	18.2	−2 240.844 592	40.8
TS11	−1 668.791 916	26.4	−1 668.773 415	33.2
IN10	−1 668.803 005	19.4	−1 668.787 722	24.2
IN8	−2 242.092 801	17.1	−2 242.081 399	19.4
TS9	−2 242.085 747	21.5	−2 242.066 749	28.6
IN9	−2 242.088 859	19.6	−2 242.068 528	27.5
IN11	−1 954.928 095	−42.6	−1 954.898 931	−29.1
IN12	−2 242.189 323	−43.5	−2 242.161 538	−30.9
IN13	−2 242.180 605	−38.0	−2 242.141 391	−18.2
TS14	−2 242.176 154	−35.2	−2 242.123 344	−6.9
IN14	−1 954.940 401	−50.3	−1 954.895 737	−27.1
IN7	−2 242.135 1	−9.5	−2 242.105 104	4.5
TS8	−2 242.090 113	18.8	−2 242.06	33.0

为便于讨论，下文将分三个阶段介绍整个反应机理：① 在 CA 中加入 H_2 生成 IN2；② IN2 对偶氮苯进行氢化，生成 1,2 - 二苯肼（PhNHNHPh）；③ IN2 对 1,2 - 二苯肼进行氢化，生成苯胺（PhNH$_2$）。

5.3.1.1　H_2 加入到 CA（Mn(PhPNN*)(CO)$_2$）

图 5-7 给出了将 H_2 加入 CA 生成 IN2 的详细反应过程。图 5-8 提供了该阶段涉及的优化好的反应物、中间体和过渡态的几何构型和重要结构参数。

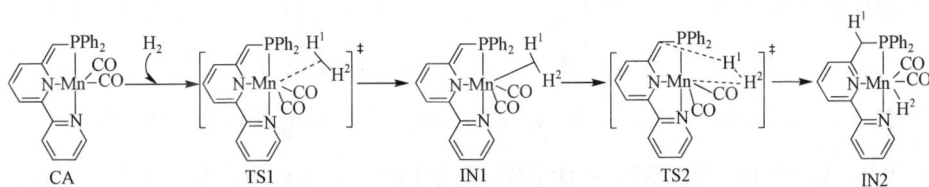

图 5-7　H_2 与 CA（Mn(PhPNN*)(CO)$_2$）加成生成 IN2 的机理

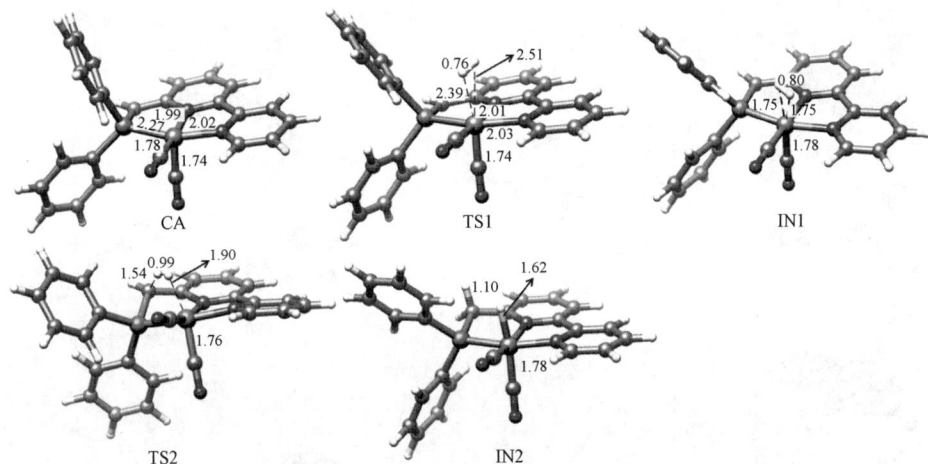

图 5-8　IN2 形成过程中选定中间体和过渡态的优化几何构型

注：键长单位为 Å。

从图 5-7、图 5-8 中可以看出，由于 Mn 原子和不饱和配体臂＝CHPPh$_2$ 的配位度较低，CA 很容易通过断裂 H—H 键并形成新的 Mn—H 键和 C—H 键来活化 H_2 分子。在此过程中，H_2 首先接近 Mn 中心，并通过过渡态 TS1 形成二氢络合物 Mn(PNN)—H$_2$(IN1)。在 TS1 中，H^1—H^2 的键长为 0.76 Å，Mn—H^1

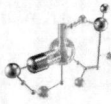

和 Mn—H^2 的键长分别为 2.39 Å 和 2.51 Å。在 IN1 中，H^1—H^2 键被拉长到 0.80 Å，Mn—H^1 和 Mn—H^2 的距离都缩短到 1.75 Å。从图 5-8 中可以看出，这一步需要克服 5.4 kcal/mol 的能垒。通过电荷分解分析（CDA）[203-204]分析了两个碎片（CA 和 H_2）在 TS1 中的轨道相互作用。图 5-9 给出了轨道相互作用图。结果表明，在将 H_2 的 σ 键电子填入 Mn 原子的 d_{z^2} 轨道的过程中，TS1 的能垒来自电子排斥作用。随后，H—H 键通过 TS2 发生异质裂解，H^1 原子以质子的形式转移到 C^1 原子上，H^2 原子以负氢原子的形式转移到 Mn 上，生成锰氢化络合物 IN2。图 5-10 提供了 IN1→IN2 过程中 Mn、H^1 和 H^2 原子上 NBO 电荷的变化，证实了 H—H 键通过过渡态 TS2 发生了异质裂解。在过渡态 TS2 中，Mn—H^2、C—H^1 和 H^1—H^2 的原子距离分别为 1.90 Å、1.54 Å 和 0.99 Å。在 IN2 中，Mn 与 H^2 的距离为 1.65 Å，仅比 IN1 短 0.1 Å。从下面讨论中可以看出，IN2 能够氢化不饱和分子并释放出 CA。

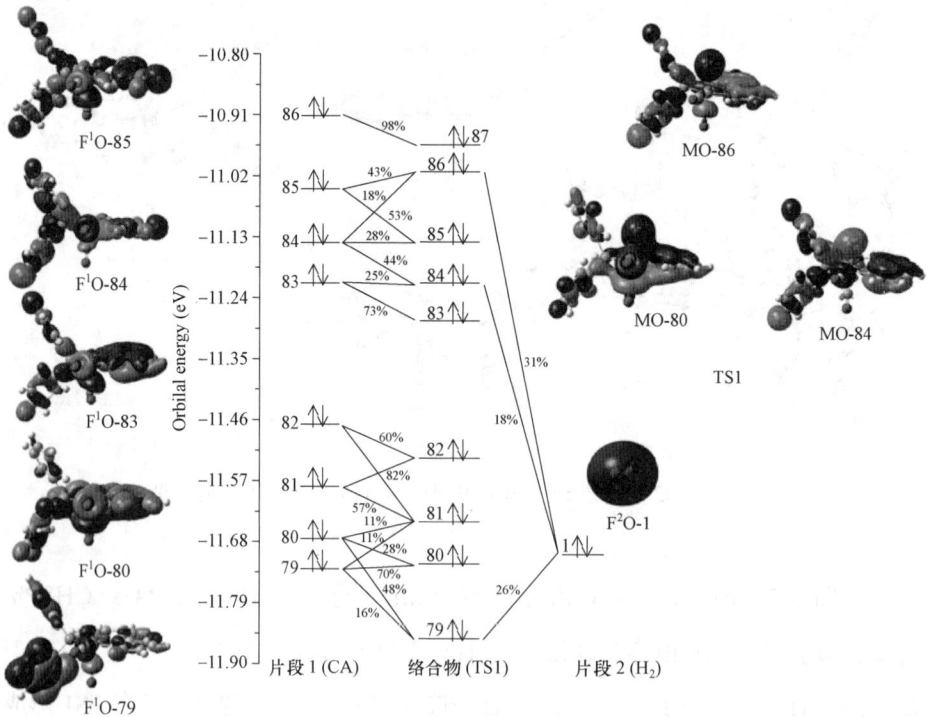

图 5-9　轨道相互作用图

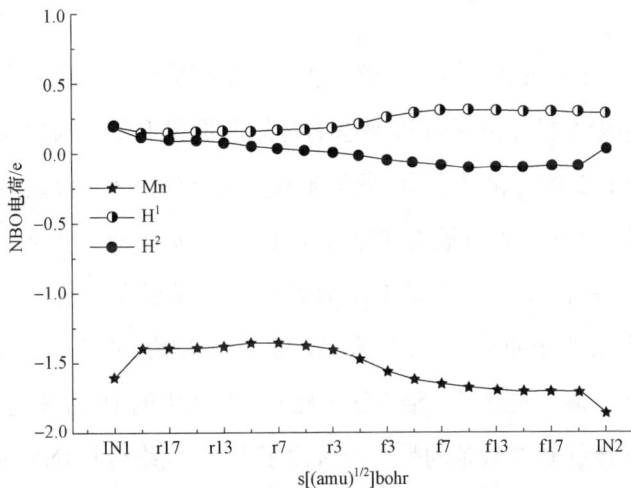

图 5-10　从 IN1→IN2 过程中 Mn、H^1 和 H^2 原子上的 NBO 电荷变化

计算得出的 CA 加氢相对吉布斯能势能图如图 5-11 所示。H_2 与 CA 的结合需要克服 5.4 kcal/mol 的活化自由能垒，IN1 比 CA 加 H_2 高 3.5 kcal/mol。根据计算，二氢裂解过渡态 TS2 的相对吉布斯能为 22.1 kcal/mol，而络合物 IN2 比 CA 加 H_2 稳定 7.6 kcal/mol。

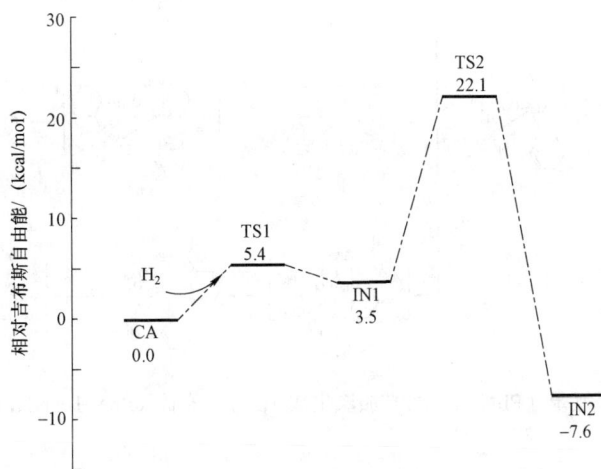

图 5-11　CA 加氢转化为 IN2 的吉布斯自由能曲线

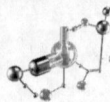

5.3.1.2　偶氮苯的氢化反应

图 5-12 给出了偶氮苯加氢生成 IN2 的详细反应过程。图 5-13 提供了偶氮苯加氢过程中涉及的中间体和过渡态的几何形状和重要结构参数。在偶氮苯（PhNNPh）与 IN2 的氢化过程中，偶氮苯首先通过将一个 N 原子插入 Mn—H^2 键来进攻 IN2，从而通过过渡态 TS3 生成 IN3，然后另一个 N 原子从—CH$_2$—中取出一个 H 原子，通过过渡态 TS4 形成 1,2 - 二苯肼配位的 Mn 络合物 IN4。1,2 - 二苯肼与锰原子脱离后，CA 再生。从 IN3 开始，发现了生成 1,2 - 二苯肼和 CA 的另一条反应路径。沿着这条路径，IN3 中的 H^2 首先通过 1,2 - H 迁移过渡态 TS5 转移到偶氮苯的另一个 N 原子上，形成络合物 IN5，然后—CH$_2$—上的 H^1 通过过渡态 TS6 转移到 P 原子上一个 Ph 基团的邻位 C 原子上，形成 IN6，最后，H^1 原子通过与 Mn 原子结合的过渡态 TS7 转移到偶氮苯的 N 原子上，得到 IN4。

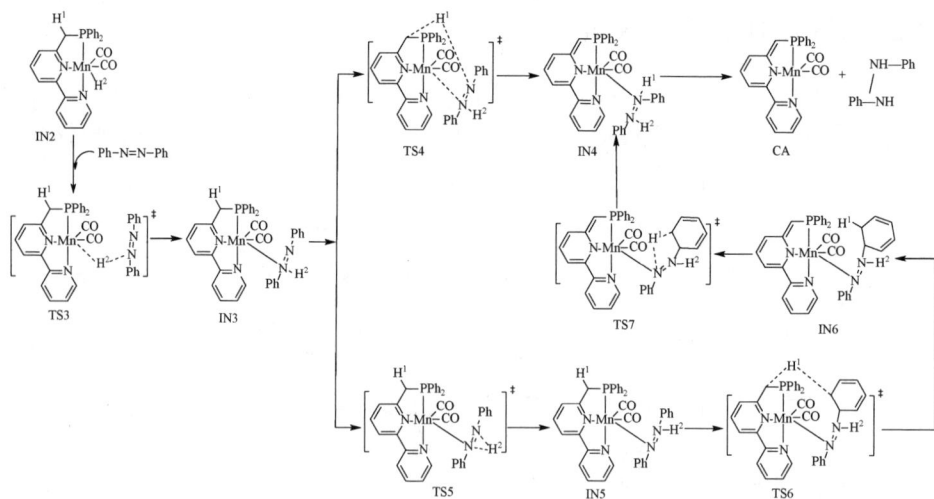

图 5-12　偶氮苯（PhN＝NPh）加氢生成 1,2 - 二苯肼（PhNH—NHPh）的机理

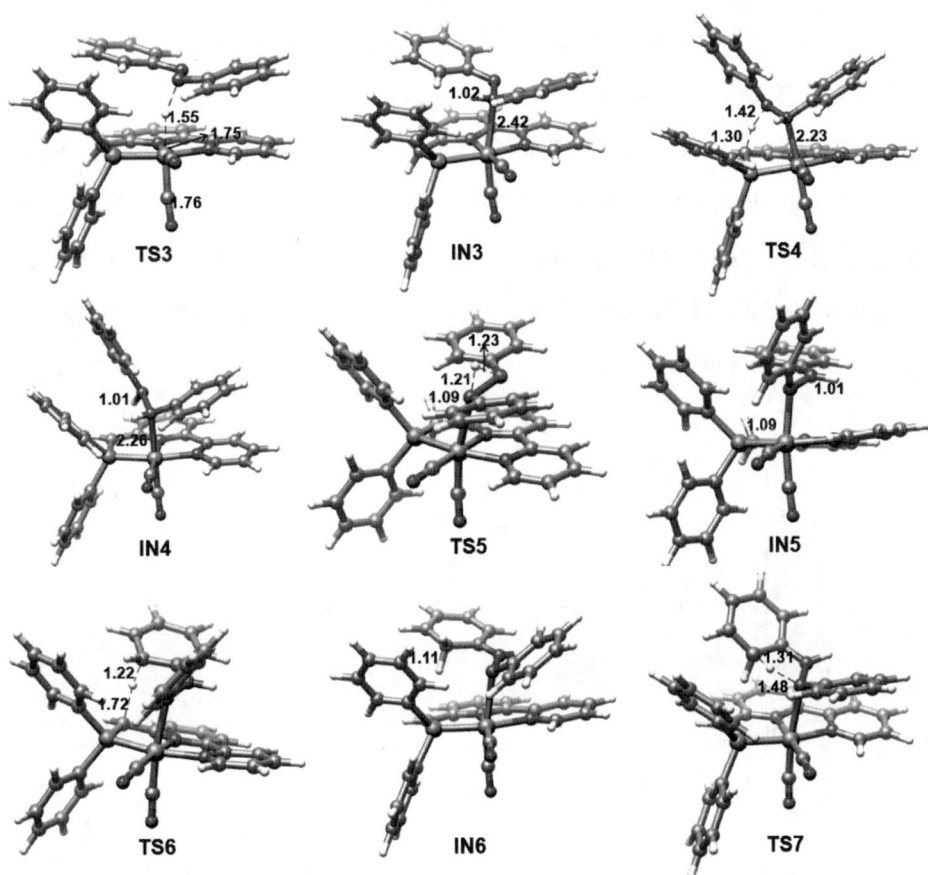

图 5-13　1,2－二苯肼（PhNHNHPh）生成过程中部分中间体和过渡态的几何结构

注：键长单位为 Å。

图 5-14 给出了偶氮苯（PhN＝NPh）氢化生成 1,2－二苯肼（PhNH—NHPh）的相对吉布斯能垒图。从图 5-14 中可以看出，在偶氮苯加氢的第一步，N 原子插入 Mn—H^2 键必须克服 8.7 kcal/mol 的能垒，这一步放热 10.9 kcal/mol。相对于 IN3，C—H^1 键断裂和 N—H^1 键形成过渡态 TS4 的吉布斯自由能势垒为 2.1 kcal/mol，中间体 IN4 比 IN3 稳定 −11.9 kcal/mol。IN4 分解为 1,2－二苯肼和 CA 的热量降低 9.3 kcal/mol。由此可见，虽然 IN5 是一种热力学上相当稳定的中间体，但 TS5 的能垒相当高，相对于 IN3，TS5 能垒高达 47.6 kcal/mol。这步氢转移步骤的高能垒归因于过渡态 TS5 中三元环的张力。此外，从 IN5 到 IN6，再到 IN4，随后的 H^1 迁移也需要克服极高的能垒，

相对于 IN5，TS6 和 TS7 的能垒分别为 33.7 kcal/mol 和 47.1 kcal/mol。这些极高的势垒高度表明，偶氮苯的氢化不可能沿着这条反应路径发生。

IN2 中 CH_2 上 H^1 原子的 NBO 电荷为 0.275 e，Mn 上 H^2 原子的 NBO 电荷为 0.024 e，PhNNPh 中 N 原子的 NBO 电荷为 −0.213 e。然而，由于 C—H 键的能量约为 79.4～100 kcal/mol[205]，而 Mn—H 键的能量约为 53.0 kcal/mol，因此 Mn—H 键更容易断裂。因此，H^2 从 MnH 转移到 PhNNPh 的 N 原子比 H^1 从 CH_2 转移到 N 原子更容易。

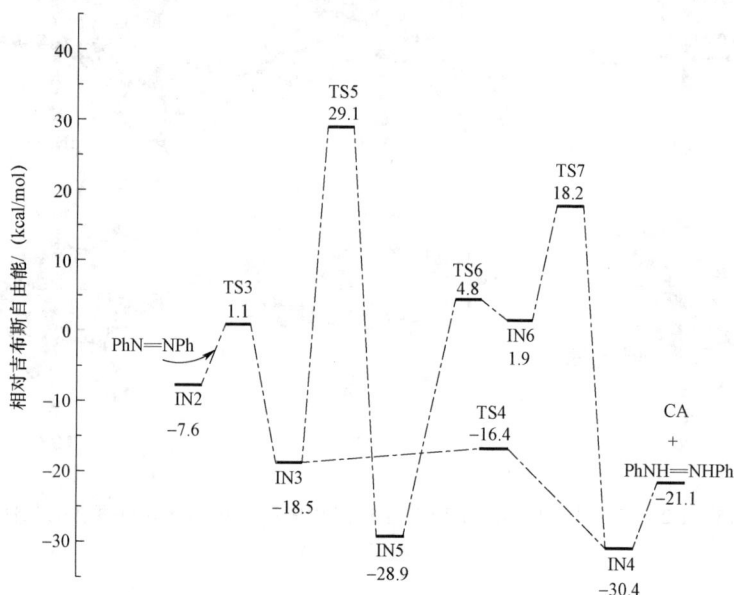

图 5-14　CA 催化偶氮苯（PhN＝NPh）转化为 1,2－二苯肼（PhNH—NHPh）的相对吉布斯自由能曲线

5.3.1.3　1,2－二苯肼的氢化反应

第二反应阶段生成的 1,2－二苯肼可进一步通过 IN2 加氢生成最终产物苯胺。1,2－二苯肼加氢生成苯胺的机理过程可分为三个阶段：① 氢抽提阶段，1,2－二苯基肼抽提出与锰原子相连的氢原子，生成 $PhNH_2\dot{N}HPh$；② $PhNH_2\dot{N}HPh$ 自由基的 N—N 键断裂，形成 $PhNH_2$ 和 Mn—NHPh 中间体（IN11）；③ $PhNH_2$ 协助—CH_2—向—NHPhH 迁移，完成 1,2－二苯肼的氢化反

应并重新获得 CA。图 5-15 给出了生成苯胺的详细反应过程。图 5-16 提供了参与反应的优化反应物、中间体和过渡态的几何形状和重要结构参数。

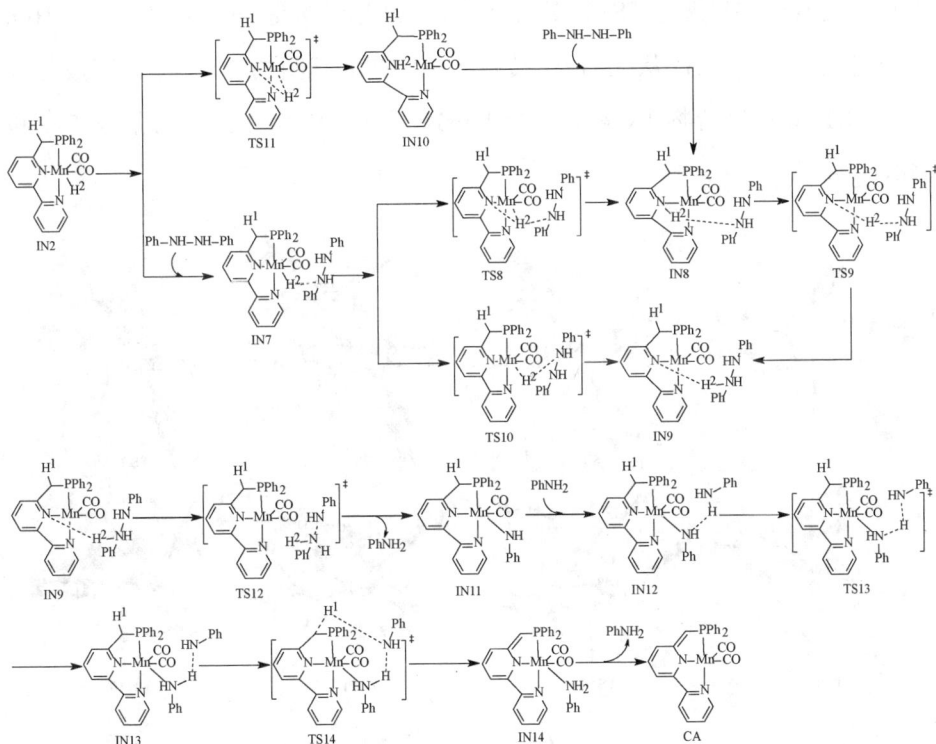

图 5-15　苯胺形成的反应途径

　　PhNHNHPh 可以通过 Mn—H—N 的静电作用与 IN2 相互作用，形成弱络合物 IN7，然后 Mn 原子和 N 原子间的 H 原子通过 TS10 转移到 N 原子上，得到新的中间体 IN9，IN9 通过 N—H—N 氢键作用结合在一起。IN9 还可以通过另外两种途径形成：一种为从 IN7 开始，H^2 原子首先转移到一个吡啶环的 N 原子上，得到中间体 IN8；另一种为从 IN2 开始，H^2 原子首先转移到一个吡啶环的 N 原子上，得到 IN10，然后 IN10 与 PhNHNHPh 相互作用形成 IN8，接着 H^2 转移到 PhNHNHPh 的一个 N 原子上，得到 IN9。通过过渡态 TS12，IN9 中的 N—N 键断裂，释放出一个分子 $PhNH_2$，形成新的 Mn—NHPh 复合物 IN11。本研究曾试图找到 H^1 直接转移到—NHPh 基团的 N 原子的 H 转移

过渡态,但没有成功。因此,考虑了 PhNH$_2$ 协助 H^1 迁移的路径。发现 PhNH$_2$ 首先通过氢键—(Ph)HN—H—NHPh 与 IN11 相互作用,形成弱络合物 IN12,然后通过 H 迁移过渡态 TS13,得到 IN14,IN14 通过氢键—(Ph)HN—H—NHPh 得以稳定。最后,H^1 从 C 原子转移到—NHPh 基团的 N 原子,形成包含 Mn—NH$_2$Ph 的络合物 IN14 和一个 PhNH$_2$ 分子,IN14 很容易分解成 CA 和 PhNH$_2$ 分子。

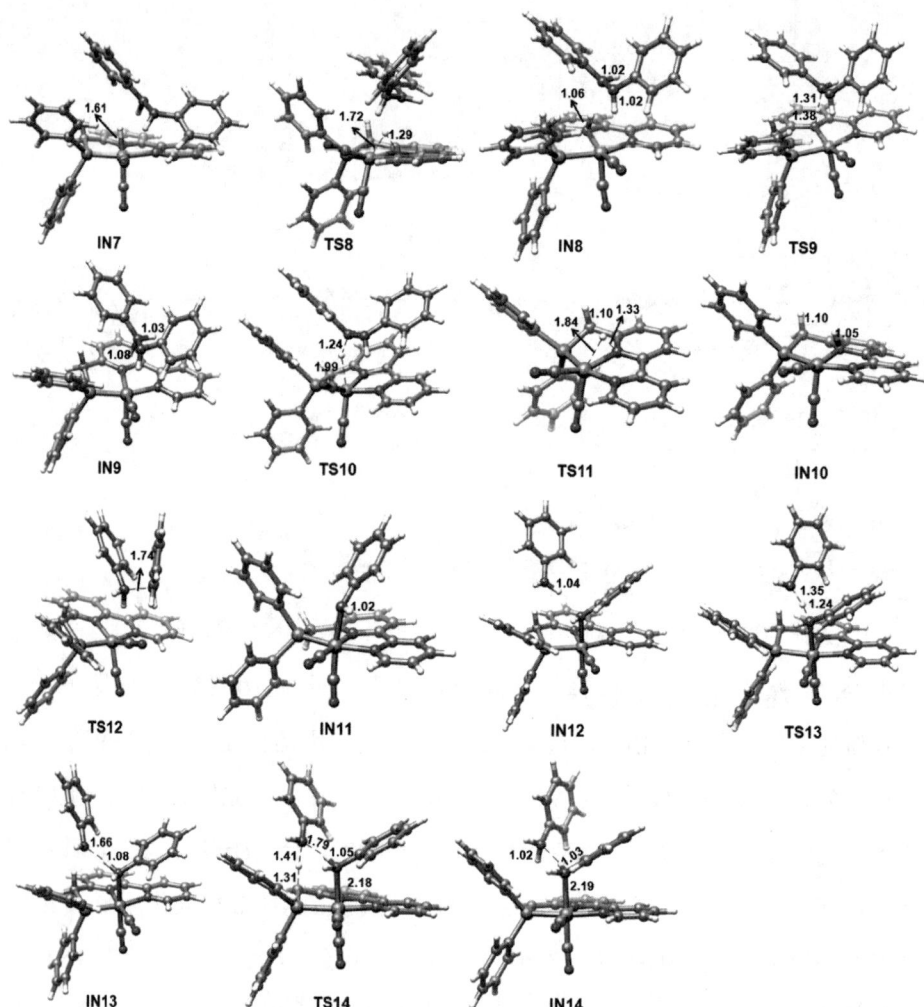

图 5-16　苯胺(PhNH$_2$)生成过程中涉及的中间体和过渡态的几何构型

注:键长单位为 Å。

图 5-17 给出了相对于 CA 生成苯胺的吉布斯自由能能垒图。从图 5-17 可以看出，由 IN2 和 PhNHNHPh 生成 IN7 是一个无能垒步骤，放热 1.4 kcal/mol。从 IN2 到 IN9 最可行的反应路径是 IN2→IN7→TS10→IN9，该路径的反应势垒应根据 TS10 与络合物 IN7 之间的能量差（28.7 kcal/mol）来计算。另一条路径 IN2→IN7→TS8→IN8→TS9→IN9 也具有竞争性，因为相对于 IN7，计算得出的 TS8、IN8、TS9 和 IN9 的相对吉布斯能分别为 27.8 kcal/mol、26.1 kcal/mol、30.5 kcal/mol 和 28.5 kcal/mol。显然，后一路径的总体势垒高度仅比前一路径高出约 1.8 kcal/mol。反应步骤 IN2→TS10→IN10 的反应势垒要高得多，达到 34 kcal/mol；因此，它的竞争性较弱，起的作用应该不大。

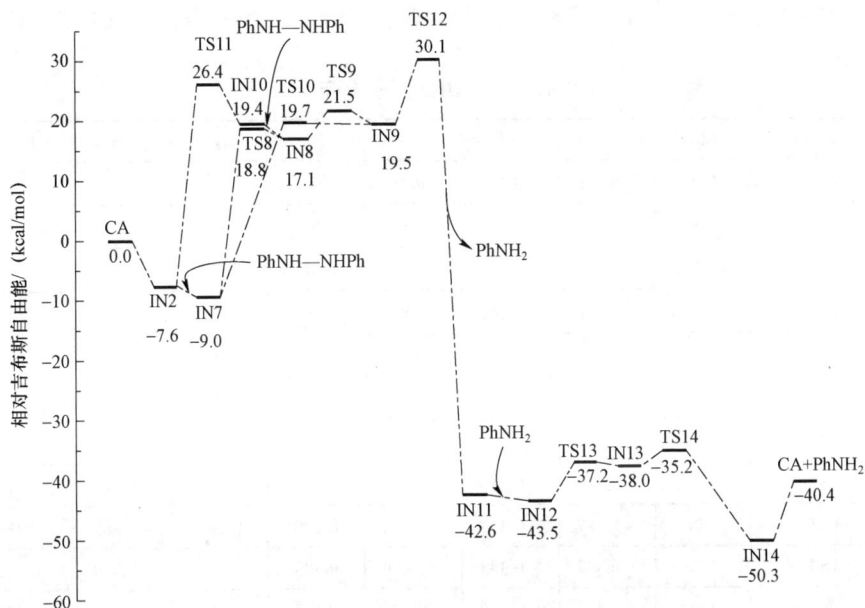

图 5-17　CA 催化 1,2 – 二苯肼（PhNH—NHPh）转化为苯胺（PhNH$_2$）的相对吉布斯自由能曲线

N—N 键断裂的过渡态 TS12 比 IN7 高 39.1 kcal/mol，而 IN11 加 PhNH$_2$ 的相对吉布斯自由能为 −42.6 kcal/mol。可以看出，相对于 IN11 加 PhNH$_2$，后面的步骤都是小能垒步骤。例如，TS13 和 TS14 只比 IN11 加 PhNH$_2$ 高 5.4 kcal/mol 和 7.4 kcal/mol。从上述结果可以看出，决定速率的步骤应该是

N—N 键的断裂，而决速步能垒为 39.1 kcal/mol。这一势垒高度表明，该反应在 130 ℃的实验温度下是可行的。

可以看出，最终产物 PhNH$_2$ 加 CA 的相对吉布斯自由能非常低，因此该反应在热动力学上是可行的。副产物 IN14 比最终产物 CA 加 PhNH$_2$ 稳定 9.9 kcal/mol，这意味着 IN14 很容易分解成 CA 和 PhNH$_2$，然后 CA 可以继续参与新的催化循环。

5.3.2 电荷分析

表 5-2 给出了用 PBE0 方法计算的从初始反应物到 IN4 物种的一些重要原子的 NBO 原子电荷，图 5-18 给出了这些原子沿此路径的电荷变化曲线。

表 5-2　NBO 原子电荷

NBO	Mn	N^1	N^2	C^1	H^1	H^2	N^3	N^4
CA	−0.935	−0.486	−0.385	−0.781	—	—	—	—
H$_2$	—	—	—	—	0	0	—	—
TS1	−1.102	−0.469	−0.374	−0.805	0.070	0.038	—	—
IN1	−1.606	−0.428	−0.340	−0.810	0.196	0.190	—	—
TS2	−1.476	−0.411	−0.338	−0.815	0.211	−0.023	—	—
IN2	−1.858	−0.339	−0.306	−0.746	0.275	0.024	—	—
PhNNPh	—	—	—	—	—	—	−0.213	−0.213
TS3	−1.746	−0.355	−0.319	−0.744	0.269	0.220	−0.271	−0.313
IN3	−1.281	−0.387	−0.357	−0.738	0.270	0.398	−0.385	−0.484
TS4	−1.280	−0.397	−0.343	−0.870	0.383	0.401	−0.399	−0.553
IN4	−1.292	−0.457	−0.349	−0.823	0.417	0.418	−0.397	−0.455
PhNHNHPh	—	—	—	—	—	—	−0.446	−0.448

从图 5-17 中可以看出，在 IN1 中，C^1、N^1 和 N^2 原子分别带负电荷 −0.810 e、−0.428 e 和 −0.340 e，因此 H^1 更容易转移到 C^1 原子上。在 IN2 中，H^2 带正电荷（0.024 e），在 PhNNPh 中，N 带负电荷（−0.213 e），H^2 更容易转移到 PhNNPh 的 N 原子上。在 IN3 中，Mn 的电荷为 −1.281 e，比 IN2（−1.858 e）减少了 0.577 e，Mn 失去电子，N^3 和 N^4 的电荷增加，表明 N^3 和

N^4 得到电子。IN^3 中的 H^1 电荷为 0.270 e，而 N^3 和 N^4 的电荷分别为 -0.385 e 和 -0.484 e，因此 H^1 很容易转移到 N 原子上。IN4 中的 Mn 电荷为 -1.292 e，N^3 和 N^4 电荷分别为 -0.397 e 和 -0.455 e，因此 PhNHNHPh 很容易从络合物中分离出来。

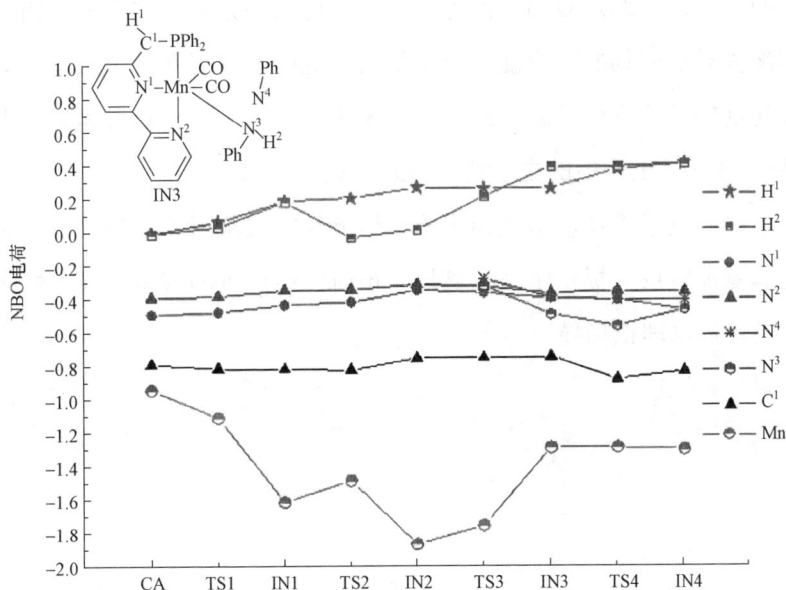

图 5-18　从 CA→IN4 反应过程中各原子上 NBO 电荷变化趋势

5.4　结　论

通过 SMD(THF)-PBE0/6-311G(d,p)-SDD（Mn 用 SDD 基组，其他原子用 6-311G（d，p）基组）研究了 $Mn(PhPNN)(CO)_2Br$（CA-4）催化加氢偶氮化合物。由 $Mn(PhPNN)(CO)_2Br$ 和 ^tBuOK 生成的活性物种 $Mn(PhPNN^*)(CO)_2$（CA）已得到证实。CA 与 H_2 加氢生成 IN2 必须克服 22.1 kcal/mol 的能垒。PhNNPh 通过 IN2 加氢生成 PhNHNHPh，PhNHNHPh 通过 IN2 进一步加氢生成 $PhNH_2$ 并再生 CA。通过 IN2 将 PhNNPh 加氢为 PhNHNHPh 涉及两个低能垒 H 转移步骤，因此这是一个动力学上可行的过程。IN2 对 PhNHNHPh 进行氢化以得

到最终产物 $PhNH_2$ 的过程由高能垒 H 转移步骤、高能垒 N—N 键断裂步骤和低能垒 H 转移步骤组成。决定速率的步骤是 N—N 键断裂，而决定速率的能垒应该是稳定的 IN2 – PhNHNHPh 络合物（IN7）与 N—N 键断裂过渡态 TS12 之间的能量差，即 39.1 kcal/mol。计算结果与实验结果十分吻合，证明了所提出机理的合理性。通过对催化剂电子结构的比较和分析，发现催化剂的活性位点和配体对反应物的吸附能是决定催化性能的关键因素；该研究为偶氮键加氢催化剂的设计提供了新思路。研究表明，锰原子可以获得和失去电子，这在活化 H—H 过程中的电子传递中起着重要作用。在电子转移过程中，锰原子是最终的电子受体。这些结果很好地解释了实验现象，为进一步研究金属催化偶氮加氢反应提供了理论支持。该研究结果可为实验条件的优化和新反应的设计提供理论指导。

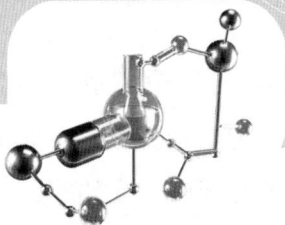

第6章 锰催化苄基C—H键氟化反应机理的理论研究

6.1 引 言

含氟有机化合物有独特的化学、物理及生物性能，因此，在医药、农药、精细化学、特殊材料等方面都有非常广泛的应用[206-210]。在有机分子中，C—H键转换成C—F键对生物的活性、新陈代谢、疏水性等有深远的影响。近年来，过渡金属催化C—H键的氟化成为了构建C—F键的主要途径。但由于氟本身有很高的活性，在反应中很难控制，所以想要寻找一种在温和的条件下，环境友好，选择性高的引入F合成C—F键的方法仍然具有很大的挑战性[211-213]。尽管化学家已经研究出多种新的有机分子氟化的方法，但有选择性地把C—H键直接活化为C—F的方法仍然相对较少。有些方法需要在苄基位置上进行预处理，这样会产生很多副产物，增加了产物分离的难度，而且选择性不高，一般只能得到全氟类产物，无法得到选择性的氟化产物。

在最近几年里，合成氟化产物领域取得了突破性的进展[214-230]。2012年，Lectka等[229]报道了在乙腈溶剂中用CuI、$KB(C_6F_5)_4$和N-羟基邻苯二甲酰亚胺为催化剂反应得到相应的氟化产物。该方法底物适用性比较广，对于脂肪族类、烯丙基类，以及苄基类化合物都有很好的反应效果。2013年该课题组[230]又报道了用乙酰丙酮铁作为催化剂的苄位氟化反应，该反应条件温和，而

71

且有较好的选择性和很高的产率。同年，Groves 等[222]报道了在锰卟啉催化剂作用下，以 AgF 为氟源成功实现了脂肪族 C—H 键转化为 C—F 键的氟化反应。他们利用比较简单的亲核氟试剂进行亲核氟化反应，得到的氟化产物的产率较高。反应过程中没有引入导向基团，也不需要对官能团进行预处理。该方法可以用于大规模合成不同的药物分子和构建大位阻的分子。

有关金属–氧络合物催化 C—H 键活化的机理有很多报道。最著名的是细胞色素 P450 和非血红蛋白 Fe^{IV}—O 络合物使烷烃 C—H 键活化[231-233]。首先 RCH_3 与活性物种的端氧相互靠近，Fe^{IV}—O 络合物中的端氧提取 RCH_3 中的氢原子，生成烷基自由基和羟基配化合物，随后自由基回弹到羟配化合物的氧原子上形成羟化产物并脱去。2016 年，Zhao[234]采用密度泛函理论研究了双金属 Rh 配合物催化苄基 C—H 键胺化反应机理，研究表明 C—H 胺化反应是分步反应，吸氢步可以通过三种不同的方法进行。2012 年，Liu 等[235]在 Science 杂志报道了锰卟啉催化氟离子氧化脂肪族 C—H 氟化反应，并给出了该反应的反应机理。计算结果分析表明，催化剂 $Mn(THP)F_2$ 上的 F 原子转移到环己基自由基的能垒仅为 3.1 kcal/mol，它与氧锰卟啉催化的羟基化反应的氧回弹机理的能垒相似。轴向配体为 F 原子的能垒比 OH 配体的能垒低 3.4 kcal/mol。而对于锰催化剂催化 C—H 键转化为 C—F 键的反应，Groves 等[222]提出了可能的反应机理。他们认为首先[Mn^{III}(Salen)F]或[Mn^{III}(Salen)F_2]催化剂被氧化为[Mn^{V}(O)(Salen)F]，然后从底物中提取一个氢原子，实现了苄基 C—H 键的活化，从而形成苄基自由基和 Mn^{IV} 物质。在氟转移过程中，$PhCH_2$ 自由基和[Mn^{IV}(Salen)F_2]反应，从而得到含氟产物，并重新产生 Mn^{III} 催化剂。但是对于锰卟啉催化下 C—H 键转化为 C—F 键的反应是具体是什么样的机制，到目前为止尚未见报道。因此，在本书中采用量子化学密度泛函理论对 Mn 催化剂存在下该反应的具体机理进行了详细的分析和描述（图 6-1），揭示其反应的本质和催化剂的作用特征。对此类反应机理的详细研究将有助于该类反应在有机合成中的应用，并为实验提供更好的参考和一些有价值的理论信息。

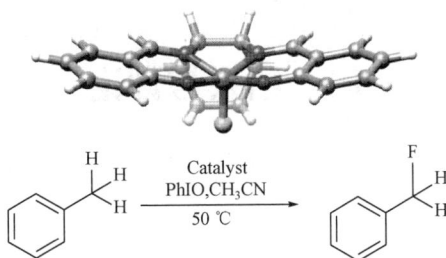

图 6-1　[Mn^V(O)(Salen)F]催化苄基 C—H 键氟化反应

6.2　计算方法

本书涉及的所有计算都在 Gaussian09 程序[70]下完成，采用密度泛函理论，在 B3LYP[118-119]/6-31G(d,p)水平下（Mn 采用赝势基组 LanL2DZ）对锰催化芳基甲烷苄位 C—H 键氟化反应中涉及的所有反应物、中间体、过渡态，以及产物的几何构型进行了优化。在同样的水平下，对优化好的构型进行了频率计算，得到了各自相应的零点能和振动频率。除了过渡态有且只有一个虚频外，其他结构均没有虚频。并采用内禀反应坐标（IRC）[73]验证了反应物、过渡态、中间体和产物之间的相关性，从而确定了相应的反应通道。为得到更为准确的相对能量，在优化好的几何结构的基础上，进一步在 B3LYP/6-311＋G(d,p)水平下（Mn 采用 SDD 基组[192]）使用 SMD 溶剂化模型[72]模拟 CH$_3$CN 进行了溶剂化效应的单点能计算。后续讨论使用的能量都是溶剂中的相对吉布斯自由能。E_{solv} 表示考虑溶剂效应后计算出的电子能量，G_{corr} 是气相下吉布斯自由能的校正，考虑溶剂效应后的吉布斯自由能 G_{solv} 近似等于 $E_{solv}+G_{corr}$($G_{solv} = E_{solv} + G_{corr}$)。相对能量计算是以催化剂 Mn^{III}(salene①)F（R）的吉布斯自由能为零点（0 kcal/mol），中间体、过渡态及产物的能量分别与 R 的能量总和相减得到的。分子轨道图采用 Chimera 软件绘制[168-169]。

———————

① salene 代表一种多齿配体。

73

6.3　结果与讨论

6.3.1　反应机理

Groves 科研小组选用多种底物进行实验，得到了不同比例的产物[222]。本书在保证不影响实验结果条件下，为了计算方便，采用简化的构型作为计算模型，以 $Mn^{III}(salene)F$ 作为催化剂模型，选择甲苯为反应物模型。为了描述方便，用 R 表示初始的催化剂 $Mn^{III}(salene)F$，用 R1 表示 $Mn^{III}(salene)F$ 和单氧给体 PhIO 构建的 $Mn^{V}(O)(salene)F$，R2 表示 $PhCH_3$ 反应物。中间体用 INn（n 为序号）表示，过渡态用 TSn（n 为序号）表示，产物用 P 表示。

本书对 $Mn^{III}(salene)F$ 和 $Mn^{V}(O)(salene)F$ 的单重态和三重态的结构分别进行了优化，得出单重态能量比三重态能量分别高 23.9 kcal/mol 和 9.3 kcal/mol，所以三重态为基态，后续只研究三重态下的情况。图 6-2 给出了锰催化苄基 C—H 键氟化反应详细的反应过程。

从图 6-2 中可以看到：亚碘酰苯（PhIO）作为单氧原子给体直接把 $Mn^{III}(salene)F$（R）氧化为 $Mn^{V}(O)(salene)F$（R1）。首先 R 和 PhIO 中的 O 原子通过静电作用形成弱相互作用的络合物 IN1，然后 IN1 经过过渡态 TS1 后，$Mn^{III}(salene)F$ 被氧化为 $Mn^{V}(O)(salene)F$（R1）并产生 PhI。这时体系中加入反应物 $PhCH_3$（R2），R1 和 R2 相互作用，形成络合物 IN2。通过 Mulliken 电荷分析 R1 的自然布局结果表明 R1 中 Mn 原子和 O 原子所带电荷分别为 1.205 e 和 -0.350 e，表明 R1 中的 Mn—O 键以 $Mn(\delta+)$—$O(\delta-)$ 的形式存在，O 原子也因此呈现出亲核性，促使 R1 中的氧原子抽提甲苯中甲基 C—H 上的氢原子。中间体 IN2 中 O 端抽提底物 R2 中—CH_3 中的一个 H 原子，通过过渡态 TS2 形成中间体 IN3。IN3 分裂为 IN4，并产生 $PhCH_2\cdot$ 自由基。

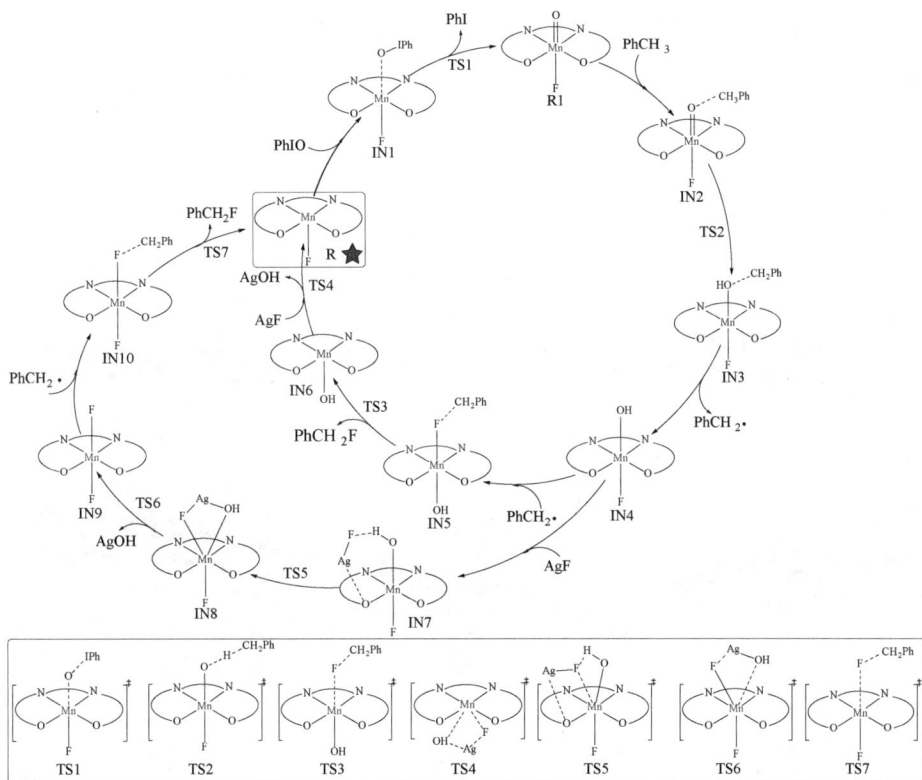

图 6-2 锰催化剂作用下苄基 C—H 键氟化反应的过程图

图 6-3 和图 6-4 分别展示了该反应中涉及的优化好的反应物、中间体和过渡态的几何构型和重要的结构参数。从图 6-3 中可以看到，R 中轴向 Mn—F 键长为 1.748 Å，R 和 PhIO 形成的中间体 IN1 中，Mn—F 键长为 1.765 Å，比 R 中 Mn—F 键长拉长了 0.017 Å，Mn—O 键长为 1.974 Å，I—O 键长为 1.957 Å，TS1 中 Mn—F 键长为 1.802 Å，即将形成的 Mn—O 键长为 1.887 Å，而即将断裂的 I—O 键长为 2.037 Å，∠MnOI 为 112.4°。R1 中轴向 Mn—O 键长为 1.755 Å，Mn—F 键长为 1.804 Å。R1 和 PhCH₃ 形成的弱相互作用的中间体 IN2 中 C—H 键长为 1.097 Å，轴向 Mn—O 键长为 1.761 Å，Mn—F 键长为 1.801 Å。IN2 中轴向 Mn—O 键长比 R1 中略微增长了 0.006 Å。TS2 中∠MnOH 为 114.9°，Mn—O 键长为 1.761 Å，Mn—F 键长为 1.814 Å，即将形成的 O—H

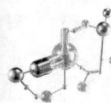

键为 1.407 Å，而即将断裂的 C—H 键为 1.189 Å。说明当 R1 和 R2 相互靠近的过程中，R2 中 C—H 键被拉长了 0.092 Å。IN3 中 O—H 键长为 0.972 Å，C—H键长为 2.426 Å，说明 O 和 H 之间已经成键，而 C 和 H 之间的作用非常弱。

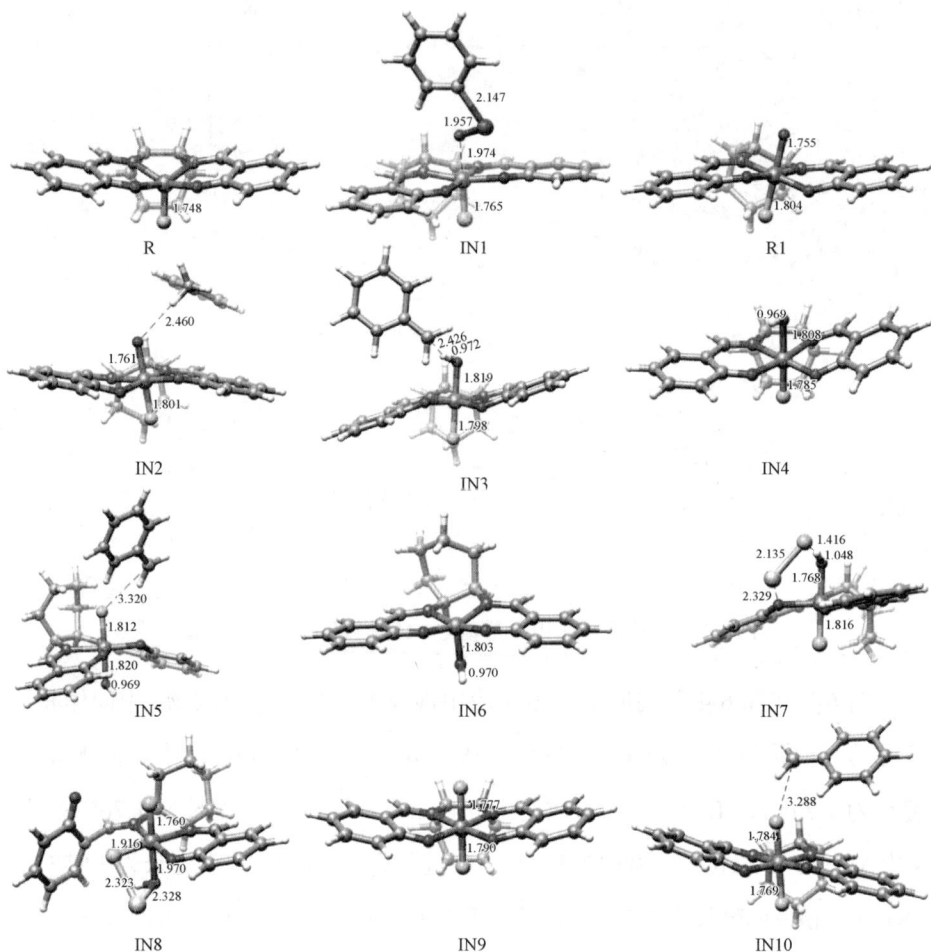

图 6-3　优化得到的重要中间体的几何构型和重要的结构参数

注：键长单位为 Å。

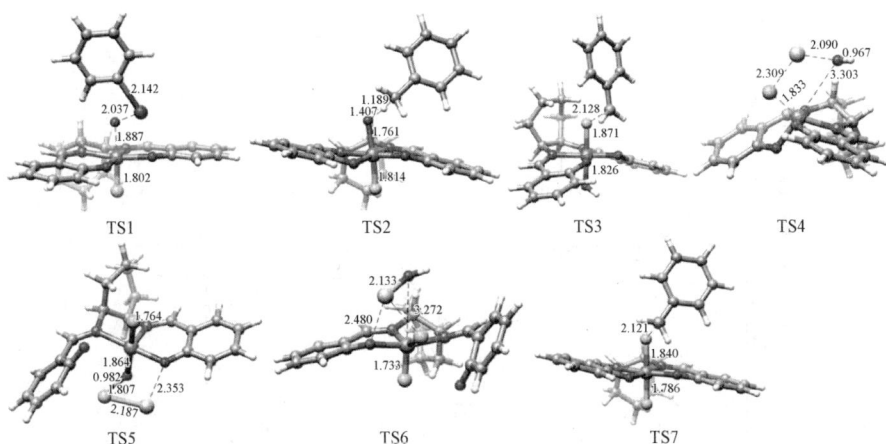

图 6-4　优化得到的所有过渡态的几何构型和重要的结构参数

注：键长单位为 Å。

图 6-5 给出了锰络合物催化下形成 $PhCH_2 \cdot$ 自由基及 $PhCH_2 \cdot$ 自由基氟化过程的势能图。从图 6-5 可以看到，R 和 PhIO 形成的中间体 IN1 比 R + PhIO 要稳定，相对吉布斯自由能低 4.5 kcal/mol，过渡态 TS1 的能垒为 10.5 kcal/mol。优化得到的 TS1 有唯一虚频率 $569.4i$ cm^{-1}。从而可以确定这个过渡态是真正的过渡态。形成 R1 的过程中释放出 18.7 kcal/mol 的能量。R1 中加入 $PhCH_3$ 后形成 IN2 的过程需要吸收 11.3 kcal/mol 的热量。相对于 R1 和 R2，TS2 能垒是 12.1 kcal/mol。形成中间体 IN3 的过程是强放热的，IN3 要分裂为 IN4 和 $PhCH_2$ 需要吸收 20.7 kcal/mol 的能量，但是反应中释放的能量足够提供 IN3 分裂所需要的能量。从整个势能图来看，越过 TS1 所需的能垒为 10.5 kcal/mol，而克服 TS2 所需的能垒为 12.1 kcal/mol，所以 TS2 是形成 $PhCH_2 \cdot$ 自由基反应过程中的决速步。从这些数据可以得出无论从动力学考虑还是从热力学考虑，$PhCH_2 \cdot$ 自由基的形成都是很容易的。形成中间体 IN4 和 $PhCH_2 \cdot$ 的过程在实验给定的温度下能够很容易的进行。

$PhCH_2 \cdot$ 自由基中苄基的氟化过程中有两种可能的催化剂，一种是直接用产生的 $[Mn^{IV}(OH)(salene)F]$（IN4）作为催化剂，另一种是用 $[Mn^{IV}(OH)(salene)F]$ 和氟源 AgF 通过 F^- 和 OH^- 这两个阴离子交换得到的 $[Mn^{IV}(salene)F_2]$（IN9）为催化剂。图 6-6 提供了锰络合物催化 $PhCH_2 \cdot$ 自由基氟化的势能图。

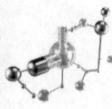

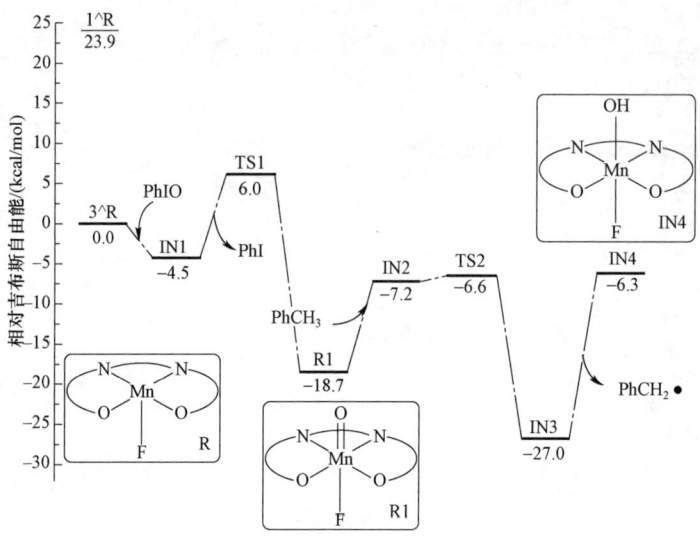

图 6-5　锰络合物催化下形成 PhCH$_2$·自由基的势能图

先考虑第一种情况，结合图 6-2 和图 6-6 可以看到，利用[Mn^{IV}(OH)(salene)F]来实现苄基的氟化，首先是[Mn^{IV}(OH)(salene)F]中的 F 端与 PhCH$_2$·自由基相互作用形成络合物 IN5。形成 IN5 的过程是强放热的，然后 IN5 经过过渡态 TS3，产生 IN6([Mn^{III}(OH)(salene)])和含氟产物 PhCH$_2$F（P），从而实现了苄基的氟化。从图 6-2 和图 6-3 可以看到，IN4 中，Mn—F 键长 1.785 Å，Mn—OH 键长是 1.808 Å，O—H 键长是 0.909 Å，TS3 中即将形成的 C—F 键长为 2.128 Å，即将断裂的 Mn—F 键长 1.871 Å，Mn—OH 键长是 1.826 Å。从 IN4 向 TS3 转变的过程中，Mn—F 键长被拉长了 0.086 Å。从 IN4→IN5→TS3→IN6＋P 的过程中，对 Mn—OH 之间的距离影响很小。

从图 6-6 可以看到，[Mn^{IV}(OH)(salene)F]与 PhCH$_2$·自由基反应，形成络合物 IN5，IN5 经过一个能垒为 11.5 kcal/mol 的过渡态 TS3，形成 IN6 和最终的氟化产物 PhCH$_2$F，从而实现了苄基的氟化。产生最终氟化产物 PhCH$_2$F 的过程是强放热的，放出 44.5 kcal/mol 的能量。在 R→IN2→TS2→IN3→IN4→IN5→TS3→IN6＋PhCH$_2$F 的过程中，TS2 是整个反应过程中的决速步，反应能垒为 12.1 kcal/mol。产生的中间体 IN6 和 AgF 经过过渡态 TS4（18.9 kcal/mol）重新释放出催化剂 Mn^{III}(salene)F。

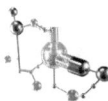

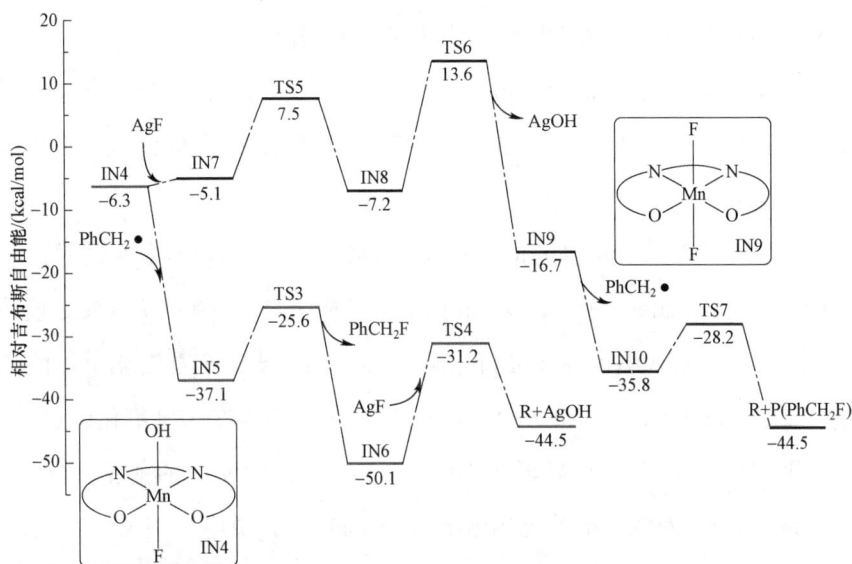

图 6-6　锰络合物催化 PhCH$_2$·自由基氟化的势能图

第二种情况是[Mn^{IV}(salene)F$_2$]（IN9）为催化剂来完成苄基的氟化。要想得到双氟催化剂，需要在 IN4 中加入 AgF，IN4 中 H 原子和配体上的 O 原子分别和 AgF 中 F 原子和 Ag 原子相互作用形成络合物 IN7，IN7 中 F 和 Mn 相互作用，经过过渡态 TS5 形成中间体 IN8，IN8 经过过渡态 TS6，产生双氟催化剂[Mn^{IV}(salene)F$_2$]（IN9）和 AgOH。双氟催化剂[Mn^{IV}(salene)F$_2$]中的一个 F 原子会和 PhCH$_2$·自由基通过静电相互作用形成络合物 IN10，IN10 中的 F 端与 PhCH$_2$·自由基相互靠近，经过过渡态 TS7 最终产生含氟产物 PhCH$_2$F(P)，并重新释放出催化剂[Mn^{III}(salene)F]，从而完成苄基的氟化。

从图 6-6 中可看到，IN4 中加入 AgF 形成 IN7 的过程中需要吸收 1.2 kcal/mol 的能量。TS5 的能垒为 34.5 kcal/mol（相对络合物 IN3）。形成 IN8 的过程放热 7.2 kcal/mol，TS6 的能垒是 40.6 kcal/mol（相对络合物 IN3）。形成 IN10 的过程放热 35.8 kcal/mol，TS7 的能垒为 7.6 kcal/mol（相对于 IN0）。形成产物的过程也是强放热的，放热 44.5 kcal/mol。可见在这个过程中产生双氟催化剂是整个反应的决速步，一旦双氟催化剂产生，后续的反应很容易进行。

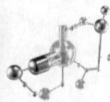

从图 6-6 整个反应能垒图来看，采用双氟催化剂[Mn^{IV}(salene)F_2]所需克服的能垒高达是 40.6 kcal/mol（TS6），而采用[Mn^{IV}(OH)(salene)F]为催化剂所需克服的能垒为 12.1 kcal/mol（TS2）。可见[Mn^{IV}(salene)F_2]在催化苄基活化的过程并没有明显的优势。

但是如果不考虑[Mn^{IV}(OH)(salene)F]和[Mn^{IV}(salene)F_2]产生的过程，而从制备出[Mn^{IV}(OH)(salene)F]（IN4）和[Mn^{IV}(salene)F_2]（IN9）以后来比较它们的催化性能，[Mn^{IV}(OH)(salene)F]和[Mn^{IV}(salene)F_2]催化苄基活化所需能垒分别为 11.5 kcal/mol（TS3）和 7.6 kcal/mol（TS4）。可见在苄基氟化的过程中，双氟催化剂反应的能垒明显低于[Mn^{IV}(OH)(salene)F]反应的能垒，所以采用[Mn^{IV}(salene)F_2]作为催化剂要比用[Mn^{IV}(OH)(salene)F]更容易使苄基 C—H 氟化。也就是说，在这个反应过程中，[Mn^{IV}(salene)F_2]是更为有效的催化剂，与实验得到的结论吻合[222]。

6.3.2　电荷与轨道分析

采用 Mulliken 电荷对参与反应的几个重要原子进行原子电荷分析，得到反应过程中各原子上的电荷变化。表 6-1 给出了部分结构的 Mulliken 电荷。过渡态的稳定性与前线分子轨道的相互作用有关。图 6-7 给出了反应中涉及的重要中间体和过渡态（R1、IN2、TS2、IN3、IN9 和 TS7）的分子轨道图。从过渡态 TS2 电荷迁移的方向来看，$PhCH_3$ 作为电子给体，而 Mn^{V}(O)(salene)F 作为电子受体。在表 6-1 中看到，在 R1＋R2→IN2→TS2→IN3 反应过程中，随着氢的转移，H 原子上的正电荷逐渐增大（由 0.212 e 变化至 0.369 e），说明 H 原子在反应过程中失去电子，而 Mn 上的电荷逐渐减小（由 1.205 e 变化至 1.132 e），而 O 原子上的负电荷逐渐增大（由 −0.350 e 变化至 −0.639 e），说明这个反应过程中，部分单电子逐渐由 σ_{C-H} 转移到了 O 原子，再通过 O 原子转移到 Mn 原子上，因而 Mn 上正电荷减小，而 O 上负电荷增大，F 的电荷几乎没发生变化。

表 6-1　重要的反应物、过渡态、中间体中部分原子的 NBO 电荷

种类	Mn	O	F	C^1	H
R1	1.167	−0.488	−0.452		
R2				−0.659	0.241（0.241，0.248）
TS1	1.329	−0.559	−0.423	−0.570	0.331（0.260，0.239）
IM1	1.318	−0.820	−0.445	−0.364	0.446（0.205，0.229）
IM2	1.308	−0.817	−0.444		0.411
IM3				−0.337	（0.205，0.205）

从图 6-7 可以清楚地看到，反应物 R1 的电子组态为：$(\pi_{Mn\text{-}O})^2(\sigma_{Mn\text{-}O})^2$ $(\pi_{Mn\text{-}O})^2(d_{xy})^1(d_{xz})^1$，两个成单电子分别位于 Mn 的 d_{xy} 和 d_{xz} 轨道上，R1 中 Mn 原子呈 +5 价。PhCH$_3$ 与 R1 逐渐靠近，通过静电相互作用形成的中间体 IN2 的电子组态与 R1 相似。TS2 中两个成单电子依然分别位于 Mn 的 d_{xy} 和 d_{xz} 轨道上。在 IN2→TS2→IN3 的过程中，PhCH$_3$ 分子中 $\sigma_{C\text{-}H}$ 与 Op_y 轨道相互作用形成 $\sigma_{C\text{-}H\text{-}O}$ 轨道。O p_y 轨道上的上旋电子转移到 Mn 原子空的 d_{yz} 轨道，形成单占据 Mn 的 d_{yz} 轨道，$\sigma_{C\text{-}H}$ 上的上旋电子通过电子转移轨道 $\sigma_{C\text{-}H\text{-}O}$ 转移到 O p_y 轨道上，净结果相当于 $\sigma_{C\text{-}H}$ 上的上旋电子转移到 Mn d_{yz} 轨道，使 C—H 键和 Mn—O 键减弱，O—H 键加强。轴向配体上的 O 原子起到传递电子的作用。电子通过 O 原子传递给了 Mn 原子，使 C—H 键活化。随着 C—H 键的拉长，C 和 H 之间的相互作用逐渐变弱，最后形成了 $\sigma_{O\text{-}H}$ 和 PhCH$_2$·自由基。IN3 中，完全形成了 PhCH$_2$ 自由基，此时金属 Mn 原子上有三个成单电子，分别位于 Mn 的 d_{xy}、d_{xz} 和 d_{yz} 轨道上，此时 Mn 原子呈 +4 价。

在 IN9→IN10→TS7→PhCH$_2$F 的过程中，当 PhCH$_2$ 与双氟催化剂 IN9 相互靠近的过程中，F p$_y$ 轨道的上旋电子通过 $\sigma_{C\text{-}F}$ 轨道转移到 PhCH$_2$ 自由基的单占据轨道上，与 PhCH$_2$ 自由基上的下旋电子配对，形成双占据轨道。Mn 的 d_{yz} 轨道上的上旋电子转移到 F p$_y$ 轨道上，重新形成双占据的 F p$_y$ 轨道。IN10 和 TS7 中金属 Mn 原子上有三个成单电子，分别位于 Mn 的 d_{xy}、d_{xz} 和 d_{yz} 轨道上，此时 Mn 原子呈 +4 价。这些轨道分析结果与实验结论一致。

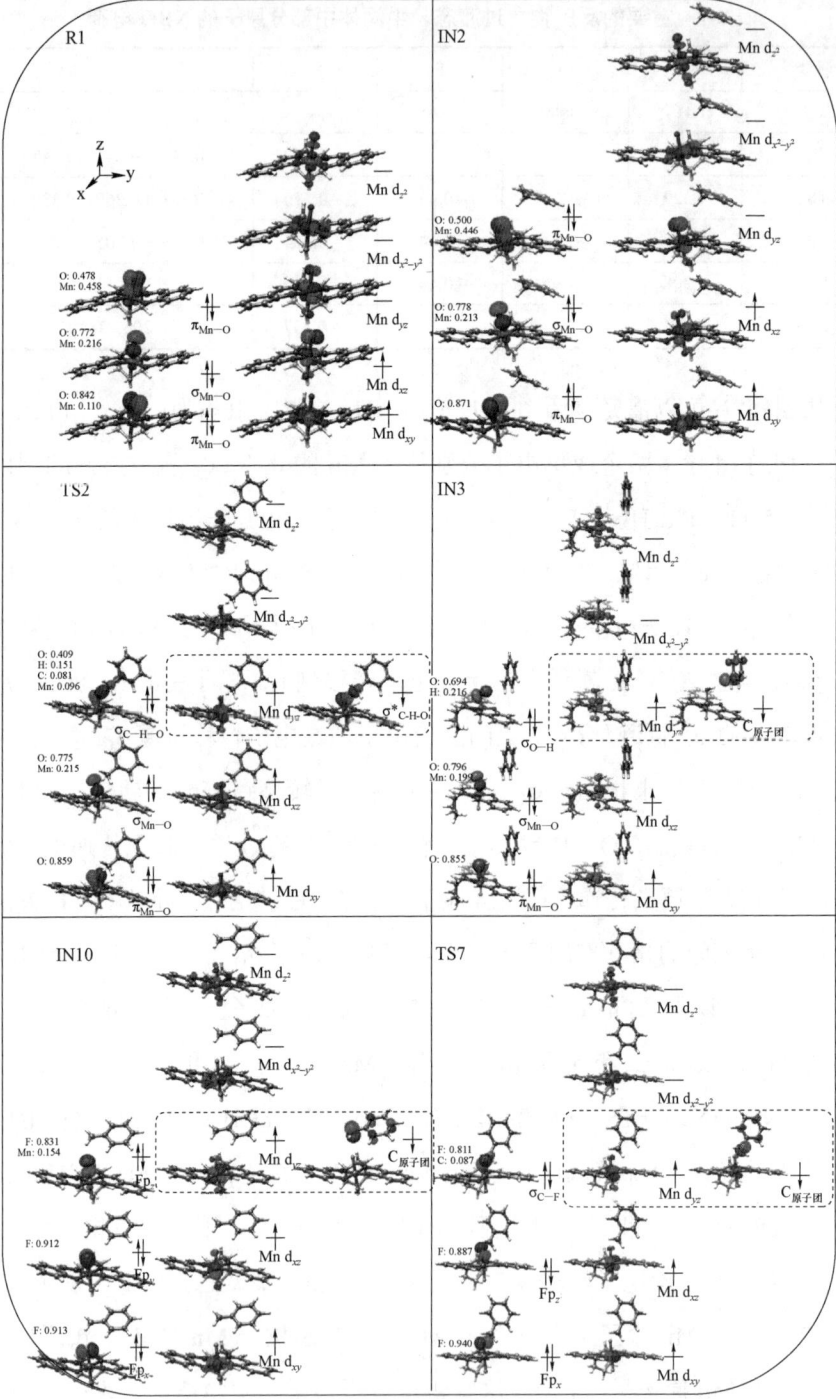

图 6-7　几个重要中间体和过渡态的分子轨道图

6.4　结　论

用密度泛函 B3LYP 方法研究了锰催化剂作用下苄基 C—H 键氟化反应的机理。计算结果表明从制备[Mn^{IV}(OH)(salene)F]和[Mn^{IV}(salene)F$_2$]开始研究的话，采用双氟催化剂[Mn^{IV}(salene)F$_2$]催化苄基 C—H 键氟化反应所需克服的能垒高达 40.6 kcal/mol（TS6），而采用[Mn^{IV}(OH)(salene)F]为催化剂所需克服的能垒仅为 12.1 kcal/mol（TS2）。可见[Mn^{IV}(salene)F$_2$]在催化苄基活化的过程并没有明显的优势。如果不考虑[Mn^{IV}(OH)(salene)F]和[Mn^{IV}(salene)F$_2$]产生的过程，而直接比较二者的催化性能，[Mn^{IV}(OH)(salene)F]和[Mn^{IV}(salene)F$_2$]催化苄基活化所需能垒分别为 11.5 kcal/mol（TS3）和 7.6 kcal/mol（TS4），可见在苄基氟化的过程中，双氟催化剂反应的能垒明显低于[Mn^{IV}(OH)(salene)F]反应的能垒，所以采用[Mn^{IV}(salene)F$_2$]作为催化剂要比用[Mn^{IV}(OH)(salene)F]更容易使苄基 C—H 氟化。也就是说，在这个反应过程中，双氟催化剂的制备是整个反应的决速步，双氟催化剂一旦产生，后续的氟化反应很容易进行。因此采用双氟催化剂[Mn^{IV}(salene)F$_2$]更有利于苄基 C—H 键的氟化。计算结果与实验得到的结论吻合。通过轨道分析得出中心金属上的氧原子可以获得和失去电子，在 C—H 活化过程中起到传递电子的作用。在电子转移过程中，Mn 原子是最终的电子接受体。以上这些计算结果很好地解释了实验现象，为进一步探讨金属催化 C—H 键氟化反应提供了重要的理论基础。

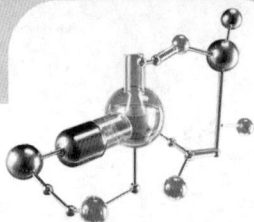

第7章 形成独特的夹心两性离子-钌络合物的理论研究

7.1 引 言

氰酰胺具有独特的反应活性，其在有机和无机化学领域对杂环化合物的合成具有重要意义。氰胺化合物是合成具有药用价值的杂环化合物[236-237]、N－烷基或 N－芳基亚胺[238]的中间体，也是合成许多生物活性化合物[239-240]的重要中间体，如敏诺昔芬[241]和除草剂[242]。此外，胺类化合物还被用作无机化学和材料科学中的配体[243]。

氰酰胺有三种合成路线：第一种为氰酰胺在碱性条件下的烷基化反应；第二种为利用溴化氰进行胺的氰化反应；第三种为氰酰胺与羰基化合物的缩合反应。近年来，在过渡金属催化下，由叠氮化物（或金属－叠氮络合物）和异氰酸酯合成氰酰胺（氰氨基金属络合物）一直是有机氰酰胺制备的重点。例如，通过钯催化异氰酸酯、碳酸烯丙酯和三甲基硅叠氮化物的三组分偶联，可以提高获得烯丙基氰酰胺[244-245]的产率。

金属叠氮配合物和异氰酸酯的 1,3-偶极环加成反应是制备过渡金属氰基配合物和 C—键合四唑化合物的一种途径[246-248]。氰胺基配合物被认为是 C—键合四唑基配合物的热解产物[249-250]。Kim 等报道了几种钯（Ⅱ）碳二亚氨基（或双碳二亚胺）、钯（Ⅱ）和铂（Ⅱ）双（四唑）配合物。其中，

2,6-二甲基苯基异氰化物与第10族金属叠氮化物的反应得到相应的碳二亚胺配合物[246,251-252]。2013 年，Zheng 等[253]报道了有机叠氮化金属异氰化物 [CMe$_5$Ru(L)$_2$N$_3$]（2,L＝CNAr,Ar＝2,6-二甲基苯基）的分子内 1,3-偶极环加成反应，最终得到了一个氰基钌配合物 IN3 和一个两性离子夹层芳烃钌配合物 IN4。络合物 IN4 是一个独特的物种，具有非配位的氰基，在有机转化中具有潜力（见图 7-1）。

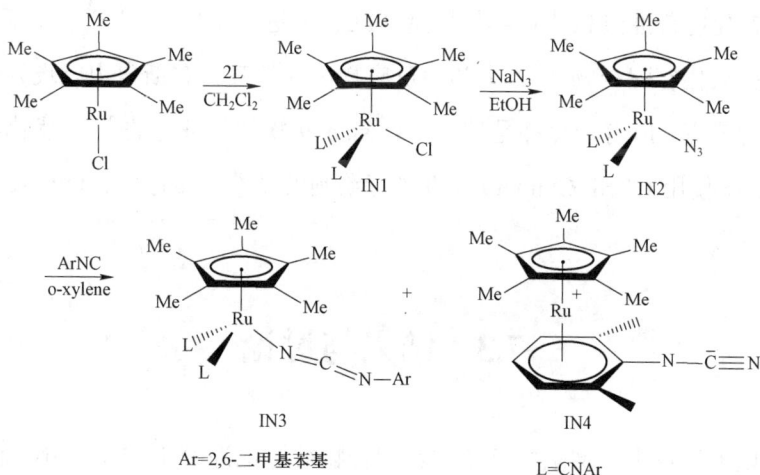

图 7-1　形成 IN3 和 IN4 的反应路径

异氰化物与有机金属叠氮化物的转化是合成氰基过渡金属配合物的重要途径，但这种转变细节仍不清楚。在此，对钌叠氮化物异氰化物 IN2 向氰基钌配合物 IN3 和两性离子夹心芳钌配合物 IN4 的转变机制进行了理论分析，同时预测了由于其相当大的稳定性而可能被分离/检测到的其他产物。希望这些理论结果有助于加深对异氰化物与有机金属叠氮化物反应机理，以及氰基金属配合物转变机理的理解。

7.2　计算细节

所有稳定物种（包括中间体和过渡态）的分子几何结构都通过密度泛函

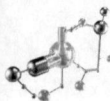

理论的 M11 方法进行了优化[254]。对于所有的非金属原子 C、N 和 H，都使用了 6-311G(d,p)基组。描述钌原子时，使用了 Hay 和 Wadt 提出的有效核电势（ECP）和双-ζ 价电子基组（LanL2DZ）[120-121,255]。在同一理论水平上进行了频率计算，以验证所有的驻点都是最小值（没有虚频）和过渡态（一个虚频），同时提供了 298.15 K 和 1 M 下的吉布斯自由能。通过内禀反应坐标（IRC）计算[123]，确定了过渡态确实连接了两个相关的最小值。所有物种在邻二苯溶液中的溶剂化能都通过极化连续体模型（PCM）进行了估算[256-258]。在研究中，选择了叠氮化钌配合物 IN2 为初始反应物，并将其吉布斯自由能设为相对能量计算的零点。所有计算都是使用 Gaussian09 软件包进行的[259]。优化好的结构的 3D 图使用 UCSF Chimera 软件进行绘制[168-169]。轨道使用 ORCA 程序进行计算[128]。

7.3　结果与讨论

在以下讨论中，文献中确定的钌配合物被标记为 IN1、IN2、IN3 和 IN4，这与原论文编号相同。所有其他极小值都被标记为 A、B、C 等，过渡态被标记为 TSX/Y，其中 X 和 Y 是过渡态连接的两个极小值。本书考虑的所有物种都处于低自旋状态（单重态，S=0），因为在每个物种的低自旋几何结构下计算的高自旋状态（三重态，S=1）的能量远高于相应的低自旋状态。以 IN2 为例，其最低状态比单重态高 32.7 kcal/mol。

IN2 通过—N₃ 从钌原子迁移到异氰化物配体的配位 C 原子上，得到关键中间体 A，后续所有反应都从 A 发生。这一步需要克服 32.2 kcal/mol 的能垒。由于 N₃—C 键的旋转，A 有两个构型 A'和 A"，它们的相对能量分别为 27.5 kcal/mol 和 22.7 kcal/mol。A'和 A"的转化能垒为 4.8 kcal/mol，这表明它们之间可以快速平衡。

根据实验结果，提出在反应条件下，一些 A 分子可能失去一个配体 L 生成高度不饱和的分子 C，而另一些 A 分子可能接受一个配体 L（在本文中，

L＝ArNC，Ar＝2,6－二甲基苯基）生成饱和配合物 B，如图 7-2 所示。在 M11/6-311G（d，p）水平上，这个转化是热的，放热量为 9.5 kcal/mol。值得注意的是，在溶液中，B 或 C 可能在不同条件下成为主要形式：① 在有额外配体 L 的情况下，A 倾向于通过接受一个额外的配体 L 来达到稳定（B 比 A 加 L 的吉布斯自由能低 5.0 kcal/mol），因此 B 应该是形式；② 在没有额外配体 L 的情况下，两个 A 分子将转化为 B 和 C，并且 A 与 B 加 C 之间将建立平衡。在不同反应条件下，A、B 和 C 都有可能是经过连续反应生成各种产物的关键中间体。因此，在下面的讨论中，首先提出了三个中间体 A、B 和 C 在 o-xyplene 溶液中的转化机制。最后，详细分析了理论结果与实验现象之间的关系。

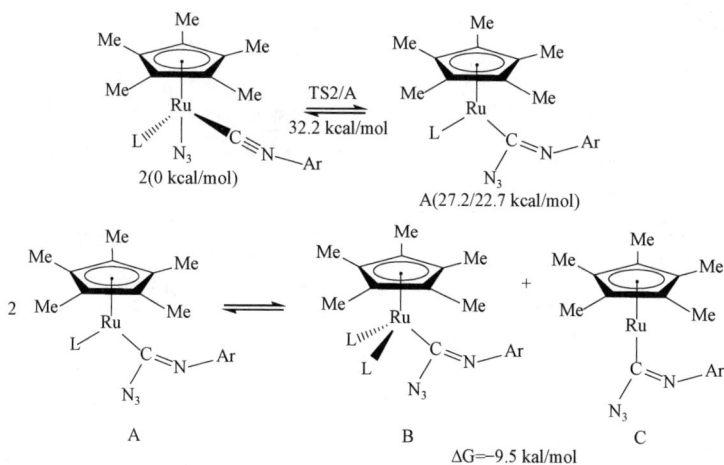

图 7-2　A 转化为 B 和 C

7.3.1　A 的转化

由于 A' 和 A" 之间的快速平衡，用 A 来表示这两种构型。从图 7-3 中可以看出，A" 可以通过分子间的环化过程转化为四氮唑中间体 D，D 分解后会释放出一个 N_2 分子，形成与 N^1 配位的氰基钌中间体 E。从 A" 到 D 再到 E，这两个步骤都是放热的，分别放热 20.6 kcal/mol 和 56.6 kcal/mol，这两个步骤的能垒高度分别为 12.6 kcal/mol 和 30.8 kcal/mol。发现与 N^3 配位的氰基钌络合物 F 比 E 低 3.5 kcal/mol。E 直接转化为 F 需要通过过渡态 TSE/F，这步需要克服非常高的活化能垒 125.4 kcal/mol，因此这条通道是不可行的。相反，E 到 F 的转化可以通过两步过程实现：ArNCN—基团首先从钌原子迁移到 CNAr 配体的碳原子上，形成中间体 R，然后 ArNCN 基团上的 N^3 原子与 Ru 原子重新配位，并断裂之前形成的 N^3—CNAr 键。中间体 R 比 E 高 32.8 kcal/mol，两个 ArNCN—迁移分别比 E 高 37.3 kcal/mol 和 37.2 kcal/mol。

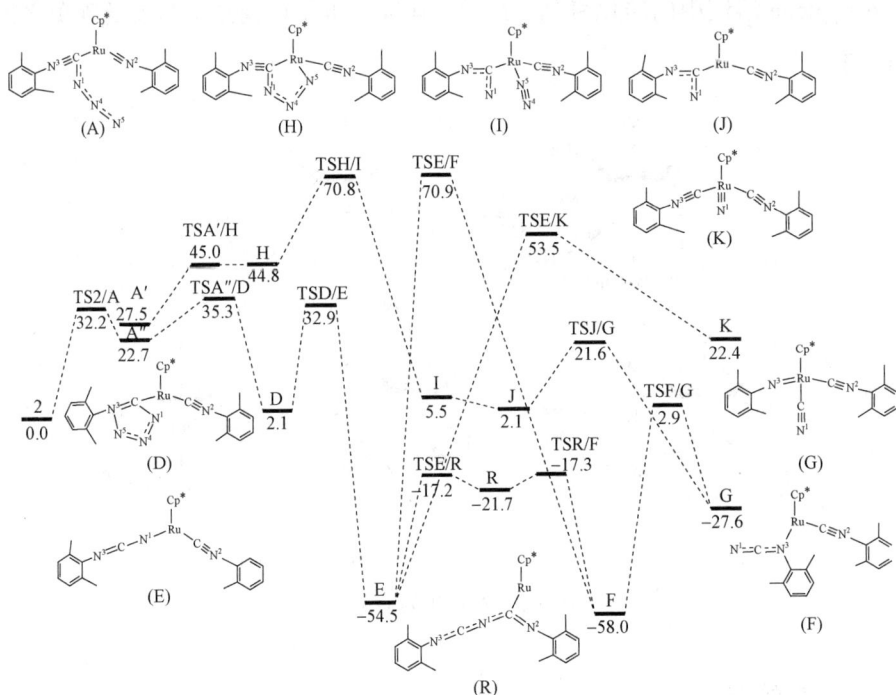

图 7-3　A 在 M11/6-311G(d,p)水平上的转变机理的吉布斯自由能垒图

从 A″到 E 和 F，钌原子的氧化态（＋2）保持不变（见图 7-4）。F 通过 NC—基团从 N^3 原子迁移到钌原子上完成了进一步异构化，生成了一种新型的 Ru—CN 络合物 G，在 G 中钌被氧化到＋4 价。对于产物 E，它可以经历 ArNC—基团从 N^1 原子到钌原子的 1,2–迁移，生成 Ru≡N 络合物 K，其中钌的氧化

态也是 +4。G 和 K 的相对能量分别为 −27.6 kcal/mol 和 22.4 kcal/mol。这些
能量远大于 E 和 F 的能量。此外，F 异构化为 G 和 E 转为 K 的能垒分别为
60.9 kcal/mol 和 108.0 kcal/mol（TSF/G 的相对能量为 2.9 kcal/mol，TSE/K 的
相对能量为 53.5 kcal/mol）。这些结果清楚地表明，IN2→A″→D→E→R→F 这
条路径在热力学和动力学上都是可行。但是形成 Ru（Ⅳ）络合物 G 和 K 的路
径是行不通的。

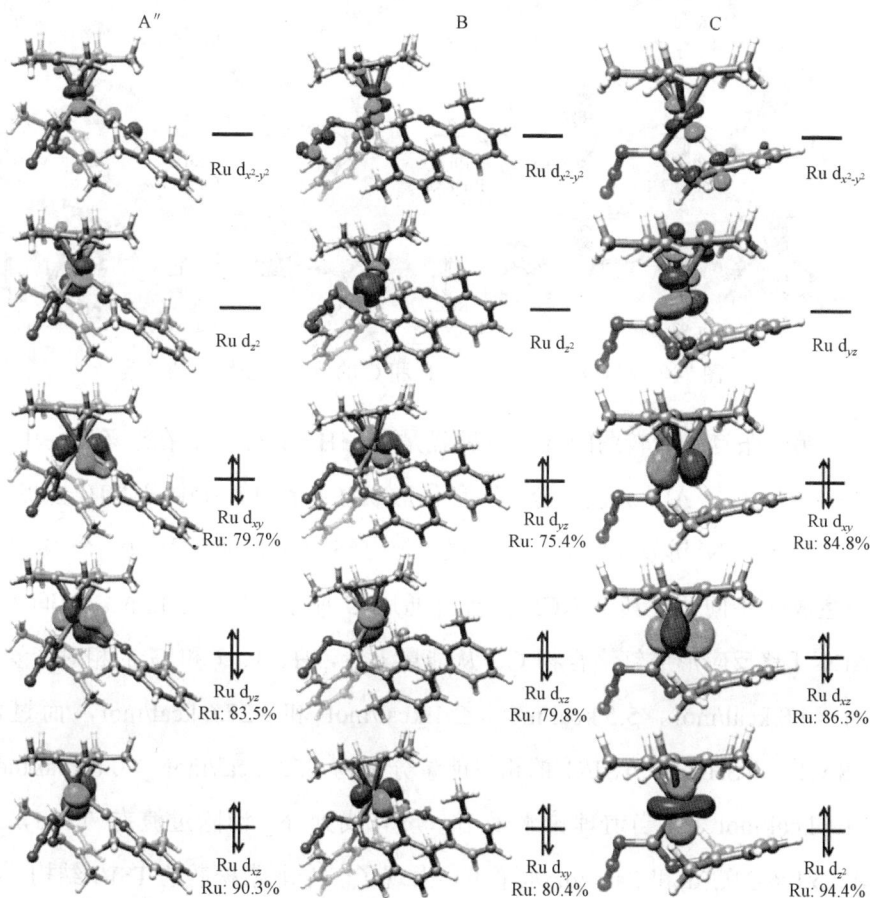

图 7-4　A″、B、C、E、F、K 和 G 的前线分子轨道图

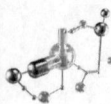

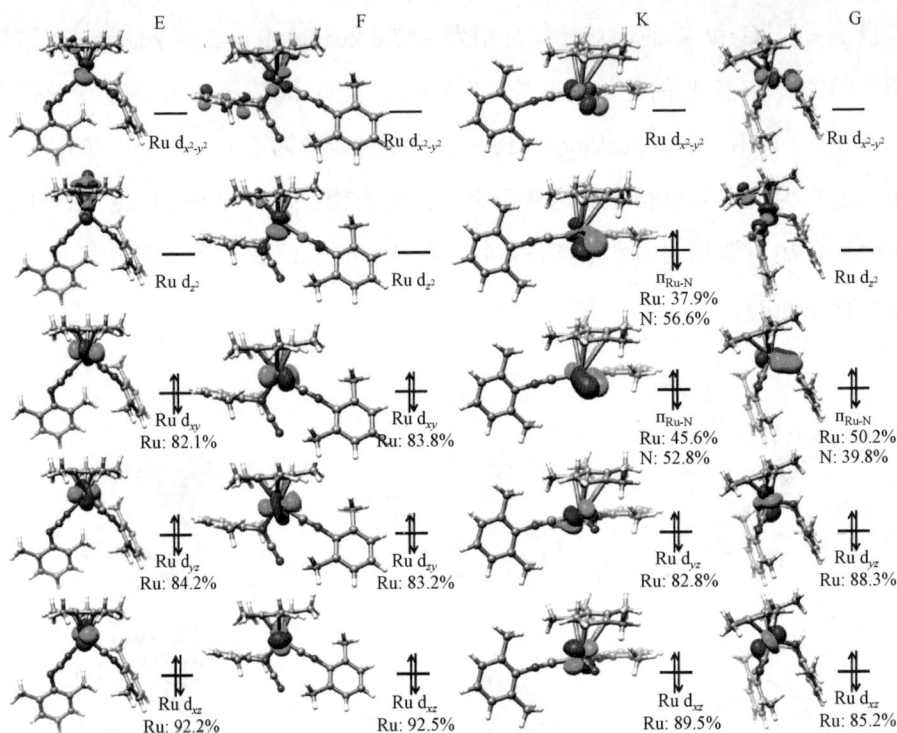

图7-4　A''，B，C，E，F，K 和 G 的前线分子轨道图（续）

另一条竞争力较弱的合成 G 路径是 A'→H→I→J→G。在这条路径中（A'→H→I→J→G），A'首先发生分子内环化形成钌－杂四氮唑中间体 H，然后 H 通过断裂 N^1—N^4 键发生开环反应生成二氮钌络合物 I。通过释放一个 N_2 分子分解生成 J 中间体，其中 NCN 三元环通过 C 原子与钌中心配位。中间体发生 ArN-迁移反应形成钌络合物 G。从能量上看，H、I、J 和 G 的相对能量分别为 44.8 kcal/mol、5.5 kcal/mol、2.1 kcal/mol 和 −27.6 kcal/mol，而过渡态 TSA'/H、TSH/I 和 TSJ/G 的相对能量分别为 45.0 kcal/mol、70.8 kcal/mol 和 21.6 kcal/mol。在当前理论水平下，没有找到 N_2 消除过渡态 TSI/J，但在 B3LYP/6-31G(d)和 Lanl2dz 水平下，发现了一个非常松散的 TSI/J 结构，其能量略高于 I 和 J。这些结果表明，TSI/J 处于 PES 一个非常平坦的区域，I 的分解反应应该没有能垒。显然这条新路径（A'→H→I→J→G）相比 A''→D→E→R→F→G 路径竞争力较弱，A'→H→I→J→G 的整个能量曲线高于 A''→D→E→

R→F→G 的能量曲线。

7.3.2　B 的转化

饱和配位的钌配合物 B 可以发生分子内环化生成四氮唑中间体 L，L 通过分解一个 N_2 分子生成最稳定的产物 IN3。从图 7-5 中可以看出，这两个步骤分别放热 22.0 kcal/mol 和 68.9 kcal/mol，B 到 L 和 L 到 IN3 的能垒分别为 11.3 kcal/mol 和 34.6 kcal/mol。显然，沿着反应路径 B→L→IN3，总反应在热力学上是可行的，速控步骤是 N_2 的消除，其能垒高度为 34.6 kcal/mol。

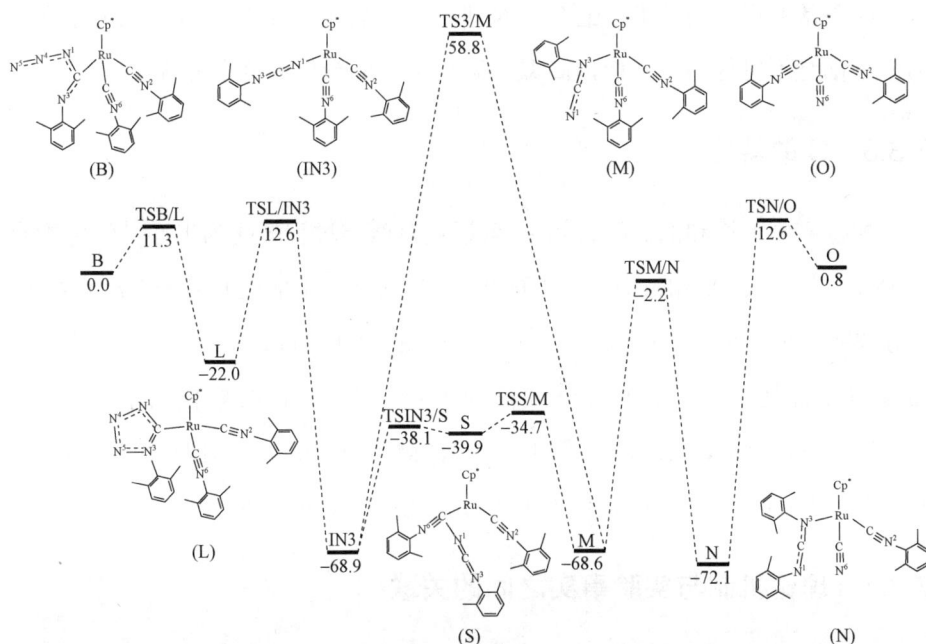

图 7-5　B 在 M11/6-311G(d,p)水平上的转化机理的吉布斯自由能垒图

类似于 E 到 F 的异构化，IN3 的类似异构化导致了 N^1-配位的钌配合物 M。M 的能量比 IN3 低 0.3 kcal/mol。TS3/M 的相对能量比 IN3 高 127.7 kcal/mol，因此 IN3 直接异构化 M 也是不可行的。然而，从 IN3 到 M 还有另一条可行的路径：ArNCN—基团首先从钌原子迁移到 CNAr 配体的 C 原子上，生成中间体 S，然后 S 通过形成 N^3—Ru 键并断裂 C—N^1 键很容易转化为 M。S 的能量

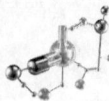

比 IN3 高 29.0 kcal/mol，IN3 到 S 和 S 到 M 的能垒分别为 30.8 kcal/mol 和 5.2 kcal/mol。

Ar—从 CN—Ar 配体上迁移到氰基末端 N 原子上形成配合物 N。通过断裂 C—N 并移除 ArNCNAr 配体的一个 ArN 基团，中间体 N 分解得到配合物 O。配合物 N 的能量比配合物 M 低 3.5 kcal/mol，而配合物 O 的能量比配合物 N 高 72.9 kcal/mol。Ar—迁移和 ArN 离去的能垒分别为 66.4 kcal/mol 和 84.7 kcal/mol。这些结果表明，从 B 到 IN3 和配合物 M，反应在热力学和动力学上都是可行的，但配合物 M 到配合物 N 的转化只能在相当苛刻的条件下发生。在正常的反应条件下，配合物 N 进一步分解生成配合物 O 在热力学和动力学上都是不可行的。然而，高温和高真空可能会促进这个分解反应。

7.3.3　C 的转化

配位高度不饱和的钌配合物 C 可以通过两步过程转化为夹心芳烃钌配合物 IN4。首先，$CpMe_5Ru$-从 C^1 原子迁移到苯环上，生成夹心芳烃钌配合物 P。P 分解释放出一个 N_2 分子，生成 IN4。从图 7-6 中可以看出，中间体 P 的吉布斯自由能比 C 高 6.9 kcal/mol，而产物 IN4 的吉布斯自由能比 C 低 97.8 kcal/mol。$CpMe_5Ru$—迁移和 N^1—N^2 键断裂的能垒分别为 29.5 kcal/mol 和 8.2 kcal/mol。因此，C 转化为 IN4 在热力学上是可行的。

7.3.4　理论机制与实验事实之间的关联

从以上讨论可以看到，理论结果揭示了实验中发现的 IN3 和 IN4 的形成机制[253]。① IN3 和 IN4 可以分别直接由 B 和 C 得到。② IN3 和 IN4 也可以由 A 的直接衍生物 E 和 F 反应得到：E 接受一个配体 L 转变为 IN3，而 F 可以通过释放一个配体 L 转变为 Q，再转变为 IN4。从图 7-7 中可以看出，从 E 加 F 到 IN3 加 Q，反应是吸热的，需要 1.9 kcal/mol 的能量。从 Q 到 IN4，反应需要克服 20.4 kcal/mol 的能垒，并且是放热的，释放 15.3 kcal/mol 的热量。因此，E 和 F 反应生成 IN3 和 IN4 在热力学和动力学上都是可行的。

TSC/P
29.5

TSP/IN4
15.1

C
0.0

P
6.9

Cp*
Ru
N³
(C)
C
N¹
N⁴
N⁵

Cp*
Ru
N³
C
N¹
N⁴
N⁵
(P)

Cp*
Ru
N³
C
N¹
(IN4)

IN4
−97.8

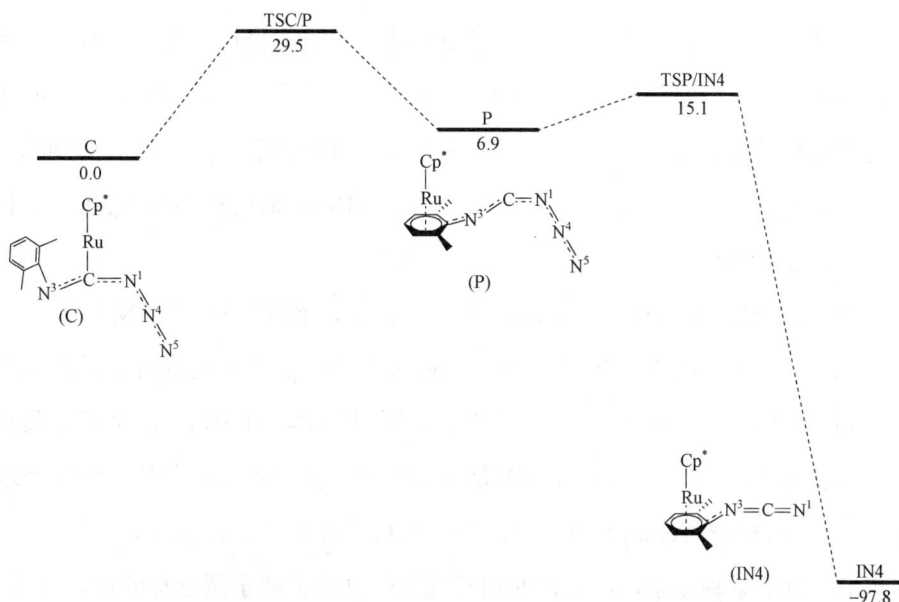

图 7-6　C 在 M11/6-311G(d,p)水平上的转化机理的吉布斯自由能垒图

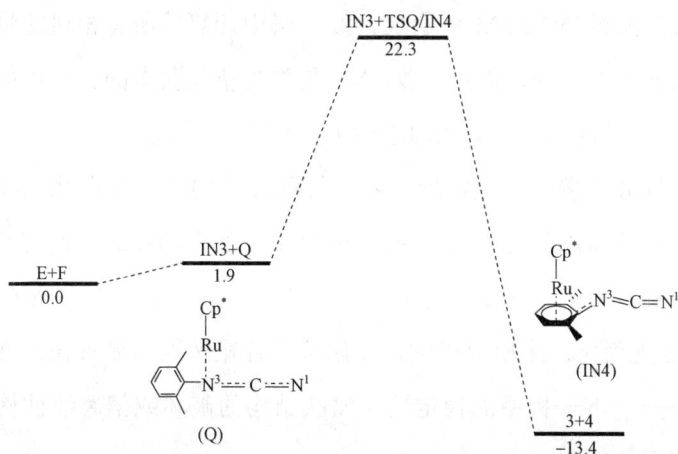

IN3+TSQ/IN4
22.3

E+F
0.0

IN3+Q
1.9

Cp*
Ru
N³
C
N¹
(Q)

Cp*
Ru
N³
C
N¹
(IN4)

3+4
−13.4

图 7-7　E 和 F 生成 IN3 和 IN4 的吉布斯自由能曲线［M11/6-311G(d,p)］

可以看出，通向 IN3 和 IN4 的所有途径在热力学上都是可行的，而且这些途径上的所有基元步骤的能垒都不高（均低于 35 kcal/mol），在实验温度（约 144 ℃）下可以克服。

为了更好地理解理论结果与实验之间的关系，进一步解释理论结果如下。

（1）从两个 A 分子形成 B 和 C 的过程中，一个 A 分子作为配体提供者，

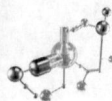

另一个 A 分子作为配体接受者。类似的配体迁移反应也可以发生在所有与 A 不同的配位不饱和钌配合物中，如 D、E 和 F。理论上，形成 IN3 和 IN4 的其他途径仍然是可能的。然而，可以预期 IN3 加 IN4 比两个不饱和的 A（或 D，E，F）更稳定。因此，实验中只分离出 IN3 和 IN4，而未检测到 A、D、E 和 F 也就不足为奇了。

（2）在 M11/6-311G(d,p)-LanL2dz 水平下，预测 M 比 IN3 更稳定 0.3 kcal/mol。如果这个结果是正确的，那么在邻二甲苯溶液中的主要产物应该是 M 和 IN4 或 N 和 IN4，而不是实验中发现的 IN3 和 IN4。这个理论预测与实验事实相矛盾，即 IN3 和 IN4 是主要产物。这种矛盾可能是两个原因造成的。① M11/6-311G(d,p)-LanL2dz 不恰当地预测了 IN3 和 M 的相对能量。事实上，对于某些体系，异构体的相对稳定性高度依赖于所选择的理论方法，特别是对于相对能量非常接近的异构体。在这种情况下，B3LYP/6-311G(d,p)-LanL2dz 水平预测 IN3 比 M 更稳定。② 本书中计算的所有相对能量都是针对邻二甲苯溶液中的结构，而络合物 IN3 是作为单晶获得的。有可能在邻二苯溶液中 IN3 和 M 都存在，但在固态中 IN3 比 M 更稳定。

（3）通过分析参与这些机理的各种钌配合物的相对稳定性，我们可以看出，N 配位的钌氰胺配合物比 C 配位的钌氰胺配合物和其他没有氰胺配体的钌配合物要稳定得多。例如，① E 和 F 比 I、J、G、K 和 R 更稳定；② IN3、M 和 N 比 S 更稳定。本研究推测，N 配位的钌氰胺物的显著稳定性可能归因于线性—N—C—N—构型的稳定性。氰胺结构的破坏或偏离线性构型将导致不稳定的钌配合物。

7.4 结 论

采用 M11 方法，C、H、O、N 原子基组采用 6-311G(d,p)，Ru 原子采用赝势基组 Lanl2dz，对 CpMe$_5$Ru(L)(N$_3$)-CNPh（L = CNPh）反应机理进行了详细研究。认为在不同条件下，配位不饱和的络合物 CpMe$_5$Ru(L)-CN(N$_3$)Ph（A）、

配位饱和的络合物 $CpMe_5Ru(L_2)-CN(N_3)Ph$（B）和高配位不饱和的合物 $CpMe_5Ru-NC(N_3)Ph$（C）是关键中间体。直接转化中间体 A 得到不饱和的氰基钌配合物 E 和 F 在热力学和动力学上都是可行的。两个 A 分子之间的分子间配体给予和接受反应很容易发生，生成 B 和 C，因此这种机理应该不太重要。B 的后续转化导致最稳定的产物 $CpMe_5Ru-NC(N_3)Ph$（C），而 C 的转化导致一个带有氰基的夹心型两性离子钌络合物 IN4 的形成。

参考文献

［1］徐光宪，王德民. 量子化学基本原理和从头算法［M］. 北京：科学出版社，1985.

［2］唐敖庆，杨忠志，李前树. 量子化学［M］. 北京：科学出版社，1982.

［3］林梦海. 量子化学计算方法与应用［M］. 北京：科学出版社，2004.

［4］廖沐真，吴国是. 量子化学从头计算方法［M］. 北京：清华大学出版社，1984.

［5］ZIEGLER T. Approximate density functional theory as a practical tool in molecular energetics and dynamics［J］. Chemical Reviews, 1991, 91(4): 651-667.

［6］THOMAS L H. The calculation of atomic fields［J］. Mathematical Proceedings of the Cambridge Philosophical Society, 2008, 23(4): 542-548.

［7］FERMI E. Un metodo statistico per la determinazione di alcune priorieta dell'atome［J］. Rendiconti del Accademia Nazionale dell Science, Lincei, 1927, 6: 32.

［8］DIRAC P A M. Note on exchange phenomena in the Thomas atom［J］. Mathematical Proceedings of the Cambridge Philosophical Society, 2008, 26(3): 376-385.

［9］HOHENBERG P, KOHN W. Inhomogeneous electron gas［J］. Physical Review, 1964, 136(3): B864-B871.

［10］KOHN W, SHAM L J. Self-consistent equations including exchange and correlation effects［J］. Physical Review, 1965, 140(4): A1133-A1138.

[11] CANCÈS E, MENNUCCI B, TOMASI J. A new integral equation formalism for the polarizable continuum model: Theoretical background and applications to isotropic and anisotropic dielectrics [J]. The Journal of Chemical Physics, 1997, 107(8): 3032-3041.

[12] COSSI M, BARONE V, CAMMI R, et al. Ab initio study of solvated molecules: A new implementation of the polarizable continuum model [J]. Chemical Physics Letters, 1996, 255(4): 327-335.

[13] BARONE V, COSSI M, TOMASI J. Geometry optimization of molecular structures in solution by the polarizable continuum model [J]. Journal of Computational Chemistry, 1998, 19(4): 404-417.

[14] LÖWDIN P O. Quantum theory of many-particle systems. I. Physical interpretations by means of density matrices, natural spin-orbitals, and convergence problems in the method of configurational interaction [J]. Physical Review, 1955, 97(6): 1474-1489.

[15] FOSTER J P, WEINHOLD F. Natural hybrid orbitals [J]. Journal of the American Chemical Society, 1980, 102(24): 7211-7218.

[16] REED A E, WEINHOLD F. Natural bond orbital analysis of near-Hartree-Fock water dimer [J]. The Journal of Chemical Physics, 1983, 78(7): 4066-4073.

[17] REED A E, WEINSTOCK R B, WEINHOLD F. Natural population analysis [J]. The Journal of Chemical Physics, 1985, 83(2): 735-746.

[18] REED A E, WEINHOLD F. Natural localized molecular orbitals [J]. The Journal of Chemical Physics, 1985, 83(4): 1736-1740.

[19] CARPENTER J E, WEINHOLD F. Analysis of the geometry of the hydroxymethyl radical by the "different hybrids for different spins" natural bond orbital procedure [J]. Journal of Molecular Structure: THEOCHEM, 1988, 169(1): 41-62.

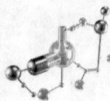

［20］LÖWDIN P O. In correlation problem in many-electron quantum mechanics I. Review of different approaches and discussion of some current ideas ［J］. Advances in Chemical Physics, 1958, 207-322.

［21］POPLE J A, SEEGER R, KRISHNAN R. Variational configuration interaction methods and comparison with perturbation theory［J］. International Journal of Quantum Chemistry, 1977, 12(1): 149-163.

［22］FORESMAN J B, HEAD-GORDON M, POPLE J A, et al. Toward a systematic molecular orbital theory for excited states ［J］. The Journal of Physical Chemistry, 1992, 96(1): 135-149.

［23］KRISHNAN R, SCHLEGEL H B, POPLE J A. Derivative studies in configuration-interaction theory ［J］. The Journal of Chemical Physics, 1980, 72(9): 4654-4655.

［24］BROOKS B R, LAIDIG W D, SAXE P, et al. Analytic gradients from correlated wave functions via the two-particle density matrix and the unitary group approach ［J］. The Journal of Chemical Physics, 1980, 72(9): 4652-4653.

［25］POPLE J A, HEAD-GORDON M, RAGHAVACHARI K. Quadratic configuration interaction. A general technique for determining electron correlation energies ［J］. The Journal of Chemical Physics, 1987, 87(10): 5968-5975.

［26］CIOSLOWSKI J, NANAYAKKARA A. A new robust algorithm for fully automated determination of attractor interaction lines in molecules ［J］. Chemical Physics Letters, 1994, 219(2): 151-154.

［27］SCHLEGEL H B, ROBB M A. MC SCF gradient optimization of the $H_2CO \rightarrow H_2 + CO$ transition structure ［J］. Chemical Physics Letters, 1982, 93(1): 43-46.

［28］EADE R H A, ROBB M A. Direct minimization in mc scf theory. the quasi-newton method [J]. Chemical Physics Letters, 1981, 83(5): 362-368.

[29] HEGARTY D, ROBB M A. Application of unitary group methods to configuration interaction calculations [J]. Molecular Physics, 1979, 38(11): 1795-1812.

[30] BERNARDI F, BOTTONI A, MCDOUALL J J W, et al. MCSCF gradient calculation of transition structures in organic reactions [J]. Faraday Symposia of the Chemical Society, 1984, 19(1): 137-147.

[31] YAMAMOTO N, VREVEN T, ROBB M A, et al. A direct derivative MC-SCF procedure [J]. Chemical Physics Letters, 1996, 250(4): 373-378.

[32] FRISCH M, RAGAZOS I N, ROBB M A, et al. An evaluation of three direct MC-SCF procedures [J]. Chemical Physics Letters, 1992, 189(5): 524-528.

[33] TROST B M, VAN VRANKEN D L. Asymmetric transition metal-catalyzed allylic alkylations [J]. Chemical Reviews, 1996, 96: 395-422.

[34] ZHANG T, WANG N X, WU Y H, et al. Direct alkylation of thiophenes via bis-coupling with vinyl acetates [J]. Tetrahedron Letters, 2018, 59: 4525-4527.

[35] CANO R, ZAKARIAN A, MCGLACKEN G P. Direct asymmetric alkylation of ketones: still unconquered [J]. Angewandte Chemical Internation Edition, 2017, 56: 9278-9290.

[36] DINH A N, NOORBEHESHT R R, TOENJES S T, et al. Toward a catalytic atroposelective synthesis of diaryl ethers through $C(sp^2)$-h alkylation with nitroalkanes [J]. Synlett, 2018, 29: 2155-2160.

[37] SHIRAI T, OKAMOTO T, YAMAMOTO Y. Iridium-catalyzed direct asymmetric alkylation of aniline derivatives using 2-Norbornene [J]. Asian Journal of Organic Chemistry, 2018, 7: 1054-1056.

[38] MINISCI F, VISMARA E, FONTANA F. Homolytic alkylation of protonated heteroaromatic bases by alkyl iodides, hydrogen peroxide, and

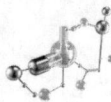

dimethyl sulfoxide［J］. The Journal of Organic Chemistry, 1989, 54: 5224-5227.

［39］MOLANDER G A, COLOMBEL V, BRAZ V A. Direct alkylation of heteroaryls using potassium alkyland alkoxymethyltrifluoroborates［J］. Organic Letters, 2011, 13: 1852-1855.

［40］JI Y, BRUECKL T, BAXTER R D, et al. Innate C-H trifluoromethylation of heterocycles［J］. Proceedings of the National Academy of Sciences, 2011, 108: 14411-14415.

［41］ANTONCHICK A P, BURGMANN L. Direct selective oxidative cross-coupling of simple alkanes with heteroarenes［J］. Angewandte Chemie International Edition, 2013, 52: 3267-3271.

［42］YEUNG C S, DONG V M. Catalytic dehydrogenative cross-coupling: forming carbon-carbon bonds by oxidizing two carbon-hydrogen bonds［J］. Chemical Reviews, 2011, 111: 1215-1292.

［43］CHAKRABORTY S, DAW P, BEN DAVID Y, et al. Manganese-catalyzed α-alkylation of ketones, esters, and amides using alcohols［J］. ACS Catalysis, 2018, 8: 10300-10305.

［44］VELLAKKARAN M, SINGH K, BANERJEE D. An efficient and selective nickel-catalyzed direct n-alkylation of anilines with alcohols［J］. ACS Catalysis, 2017, 7: 8152-8158.

［45］KOLLER S, BLAZEJAK M, HINTERMANN L. Catalytic C-alkylation of pyrroles with primary alcohols: hans fischer's alkali and a new method with iridium P, N, P-pincer complexes［J］. European Journal of Organic Chemistry, 2018, 14: 1624-1633.

［46］MA W, CUI S, SUN H, et al. Iron-catalyzed alkylation of nitriles with alcohols［J］. Chemistry-A European Journal, 2018, 24: 13118-13123.

［47］CORMA A, NAVAS J, SABATER M J. Advances in one-pot synthesis through borrowing hydrogen catalysis [J]. Chemical Reviews, 2018, 118: 1410-1459.

[48] CHELUCCI G. Ruthenium and osmium complexes in CC bond-forming reactions by borrowing hydrogen catalysis [J]. Coordination Chemistry Reviews, 2017, 331: 1-36.

[49] GRIGG R, MITCHELL T R B, SUTTHIVAIYAKIT S, et al. Oxidation of alcohols by transition metal complexes part V. Selective catalytic monoalkylation of arylacetonitriles by alcohols [J]. Tetrahedron Letters, 1981, 22: 4107-4110.

[50] LÖFBERG C, GRIGG R, WHITTAKER M A, et al. Efficient solvent-free selective monoalkylation of arylacetonitriles with mono-, bis-, and tris-primary alcohols catalyzed by a Cp*Ir complex [J]. The Journal of Organic Chemistry, 2006, 71: 8023-8027.

[51] KUWAHARA T, FUKUYAMA T, RYU I. Synthesis of alkylated nitriles by [RuHCl(CO)(PPh$_3$)$_3$]-catalyzed alkylation of acetonitrile using primary alcohols [J]. Chemical Letters, 2013, 42: 1163-1165.

[52] CHEUNG H W, LI J, ZHENG W, et al. Dialkylamino cyclopentadienyl ruthenium (ii) complex-catalyzed α-alkylation of arylacetonitriles with primary alcohols [J]. Dalton Transactions, 2010, 39: 265-274.

[53] CHO C S, KIM B T, KIM T J, et al. Ruthenium-catalyzed regioselective α-alkylation of ketones with primary alcohols [J]. Tetrahedron Letters, 2002, 43: 7987-7989.

[54] CAO X N, WAN X M, YANG F L, et al. NNN Pincer Ru (Ⅱ)-complex-catalyzed α-alkylation of ketones with alcohols [J]. Journal of Organic Chemistry, 2018, 83: 3657-3668.

[55] ROY B C, DEBNATH S, CHAKRABARTI K, et al. Ortho-amino group functionalized 2, 2′-bipyridine based Ru (ii) complex catalysed alkylation

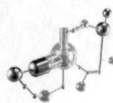

of secondary alcohols, nitriles and amines using alcohols [J]. Organic Chemistry Frontiers, 2018, 5: 1008-1018.

[56] THIYAGARAJAN S, GUNANATHAN C. Facile ruthenium (II)-catalyzed α-alkylation of arylmethyl nitriles using alcohols enabled by metal-ligand cooperation [J]. ACS Catalysis, 2017, 7: 5483-5490.

[57] LI F, ZOU X, WANG N. Direct coupling of arylacetonitriles and primary alcohols to α-alkylated arylacetamides with complete atom economy catalyzed by a rhodium complex-triphenylphosphine-potassium hydroxide system [J]. Advanced Synthesis and Catalysis, 2015, 357: 1405-1415.

[58] LI J, LIU Y, TANG W, et al. Atmosphere-controlled chemoselectivity: rhodium-catalyzed alkylation and olefination of alkylnitriles with alcohols [J]. Chemistry-A European Journal, 2017, 23: 14445-14449.

[59] WANG R, HUANG L, DU Z, et al. RhCl (CO)(PPh₃)₂ catalyzed α-alkylation of ketones with alcohols [J]. Journal of Organometallic Chemistry, 2017, 846: 40-43.

[60] BUIL M L, ESTERUELAS M A, HERRERO J, et al. Osmium catalyst for the borrowing hydrogen methodology: α-alkylation of arylacetonitriles and methyl ketones [J]. ACS Catalysis, 2013, 3: 2072-2075.

[61] CHO C S. A palladium-catalyzed route for α-alkylation of ketones by primary alcohols [J]. Journal of Molecular Catalysis A: Chemical, 2005, 240: 55-60.

[62] BORGHS J C, TRAN M A, SKLYARUK J, et al. Sustainable alkylation of nitriles with alcohols by manganese catalysis [J]. The Journal of Organic Chemistry, 2019, 84: 7927-7935.

[63] MASDEMONT J, LUQUE-URRUTIA J A, GIMFERRER M, et al. Mechanism of coupling of alcohols and amines to generate aldimines and H₂ by a pincer manganese catalyst [J]. ACS Catalysis, 2019, 9: 1662-1669.

［64］AZOFRA L M, CAVALLO L. Unravelling the reaction mechanism for the Claisen-Tishchenko condensation catalysed by Mn (I)-PNN complexes: a DFT study ［J］. Theoretical Chemistry Accounts, 2019, 138: 64.

［65］CHAKRABORTY S, GELLRICH U, DISKIN-POSNER Y, et al. Manganese-catalyzed N-formylation of amines by methanol liberating H_2: a catalytic and mechanistic study ［J］. Angewandte Chemie International Edition, 2017, 56: 4229-4233.

［66］BORGHS J C, AZOFRA L M, BIBERGER T, et al. Manganese-catalyzed multicomponent synthesis of pyrroles through acceptorless dehydrogenation hydrogen autotransfer catalysis: experiment and computation ［J］. ChemSusChem, 2019, 12: 3083-3088.

［67］LUQUE-URRUTIA J A, SOLÀ M, MILSTEIN D, et al. Mechanism of the manganese-pincer-catalyzed acceptorless dehydrogenative coupling of nitriles and alcohols ［J］. Journal of the American Chemical Society, 2019, 141: 2398-2403.

［68］LI H, WANG X, HUANG F, et al. Computational study on the catalytic role of pincer ruthenium (Ⅱ)-PNN complex in directly synthesizing amide from alcohol and amine: the origin of selectivity of amide over ester and imine ［J］. Organometallics, 2011, 30: 5233-5247.

［69］SHU S, HUANG M, JIANG J, et al. Catalyzed or non-catalyzed: chemoselectivity of Ru-catalyzed acceptorless dehydrogenative coupling of alcohols and amines via metal-ligand bond cooperation and (de) aromatization ［J］. Catalysis Science and Technology, 2019, 9: 2305-2314.

［70］FRISCH M J, TRUCKS G W, SCHLEGEL H B, et al. Gaussian 09, Revision D. 01 ［CP］. Gaussian, Inc. , Wallingford, CT, 2013.

［71］ZHAO Y, TRUHLAR D G. Density functionals with broad applicability in chemistry ［J］. Accounts of Chemical Research, 2008, 41: 157-167.

[72] MARENICH A V, CRAMER C J, TRUHLAR D G. Universal solvation model based on solute electron density and on a continuum model of the solvent defined by the bulk dielectric constant and atomic surface tensions [J]. Journal of Physical Chemistry B, 2009, 113: 6378-6396.

[73] GONZALEZ C, BERNHARD S H. Reaction-path following in mass-weighted internal coordinates [J]. Journal of Physical Chemistry, 1990, 94: 5523-5527.

[74] HAYES K S. Industrial processes for manufacturing amines [J]. Applied Catalysis A: General, 2001, 221(1): 187-195.

[75] SALVATORE R N, YOON C H, JUNG KW. Synthesis of secondary amines [J]. Tetrahedron, 2001, 57(38): 7785-7811.

[76] AMUNDSEN L H, NELSON L S. Reduction of nitriles to primary amines with lithium aluminum hydride [J]. Journal of the American Chemical Society, 1951, 73(1): 242-244.

[77] GUNANATHAN C, HÖLSCHER M, LEITNER W. Reduction of nitriles to amines with H_2 catalyzed by nonclassical ruthenium hydrides-water promoted selectivity for primary amines and mechanistic investigations [J]. European Journal of Inorganic Chemistry, 2011(22): 3381-3386.

[78] SCHÄRRINGER P, MÜLLER T E, KALTNER W, et al. In situ measurement of dissolved hydrogen during the liquid-phase hydrogenation of dinitriles method and case study [J]. Industrial and Engineering Chemistry Research, 2005, 44(25): 9770-9775.

[79] KAUFFMAN G B. Wallace Hume Carothers and nylon, the first completely synthetic fiber [J]. Journal of Chemical Education, 1988, 65(9): 803-808.

[80] MIRIYALA B, BHATTACHARYYA S, WILLIAMSON J S. Chemoselective reductive alkylation of ammonia with carbonyl compounds: synthesis of primary and symmetrical secondary amines [J]. Tetrahedron, 2004, 60(6):

1463-1471.

[81] OHTA H, YUYAMA Y, UOZUMI Y, et al. In-water dehydrative alkylation of ammonia and amines with alcohols by a polymeric bimetallic catalyst [J]. Organic Letters, 2011, 13(14): 3892-3895.

[82] DANGERFIELD E M, PLUNKETT C H, WIN-MASON A L, et al. Protecting-group-free synthesis of amines: synthesis of primary amines from aldehydes via reductive amination [J]. Journal of Organic Chemistry, 2010, 75(18): 5470-5477.

[83] GOMEZ S, PETERS J A, MASCHMEYER T. The reductive amination of aldehydes and ketones and the hydrogenation of nitriles: mechanistic aspects and selectivity control [J]. Advanced Synthesis and Catalysis, 2002, 344(9): 1037-1057.

[84] BÓDIS J, LEFFERTS L, MÜLLER T, et al. Activity and selectivity control in reductive amination of butyraldehyde over noble metal catalysts [J]. Catalysis Letters, 2005, 104(1): 23-28.

[85] ROLLA F. Sodium borohydride reactions under phase-transfer conditions: reduction of azides to amines [J]. Journal of Organic Chemistry, 1982, 47(22): 4327-4329.

[86] NORCLIFFE J L, CONWAY L P, HODGSON D R W. Reduction of alkyl and aryl azides with sodium thiophosphate in aqueous solutions [J]. Tetrahedron Letters, 2011, 52(15): 2730-2732.

[87] DAS S, ADDIS D, ZHOU S, et al. Zinc-catalyzed reduction of amides: unprecedented selectivity and functional group tolerance [J]. Journal of the American Chemical Society, 2010, 132(6): 1770-1771.

[88] WIENHÖFER G, SORRIBES IN, BODDIEN A, et al. General and selective iron-catalyzed transfer hydrogenation of nitroarenes without base [J]. Journal of the American Chemical Society, 2011, 133(39): 12875-12879.

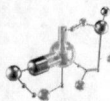

［89］RAHAIM R J, MALECZKA R E. Pd-catalyzed silicon hydride reductions of aromatic and aliphatic nitro groups ［J］. Organic Letters, 2005, 7(23): 5087-5090.

［90］CHANDRASEKHAR S, PRAKASH S J, RAO C L. Poly (ethylene glycol)(400)as superior solvent medium against ionic liquids for catalytic hydrogenations with PtO_2 ［J］. Journal of Organic Chemistry, 2006, 71(6): 2196-2199.

［91］PORZELLE A, WOODROW M D, TOMKINSON N C O. Facile procedure for the synthesis of N-aryl-N-hydroxy carbamates ［J］. Cheminform, 2009(5): 798-802.

［92］YU C, LIU B, HU L. Samarium (0) and 1, 1′-dioctyl-4, 4′-bipyridinium dibromide: A novel electron-transfer system for the chemoselective reduction of aromatic nitro groups ［J］. Journal of Organic Chemistry, 2001, 66(3): 919-924.

［93］CHANDRAPPA S, VINAYA K, RAMAKRISHNAPPA T, et al. An efficient method for aryl nitro reduction and cleavage of azo compounds using iron powder/calcium chloride ［J］. Cheminform, 2010(20): 3019-3022.

［94］ABDEL-MAGID A F, CARSON K G, HARRIS B D, et al. Reductive Amination of Aldehydes and Ketones with Sodium Triacetoxyborohydride. Studies on Direct and Indirect Reductive Amination Procedures ［J］. Journal of Organic Chemistry, 1996, 61, 3849-3862.

［95］APODACA R, XIAO W. Direct reductive amination of aldehydes and ketones using phenylsilane: catalysis by dibutyltin dichloride ［J］. Organic Letters. 2001, 3, 1745-1748.

［96］KUKULA P, STUDER M, BLASER H U. Chemoselective Hydrogenation of α, β-Unsaturated Nitriles ［J］. Advanced Synthesis and Catalysis 2004, 346, 1487-1493.

［97］BLASER H U, MALAN C, PUGIN B, et al. Selective Hydrogenation for Fine Chemicals: Recent Trends and New Developments［J］. Advanced Synthesis and Catalysis 2003, 345: 103-151.

［98］SUAREZ T, FONTAL B. Hydrogenation reactions with $RuCl_2$ (TRIPHOS)［J］. Journal of Molecular Catalysis 1988, 45: 335-344.

［99］MUKHERJEE D K, PALIT B K, SAHA C R. Dihydrogen reduction of organic substrates using orthometallated ruthenium（Ⅱ）complex catalysts［J］. Journal of Molecular Catalysis 1994, 88: 57-70.

［100］YOSHIDA T, OKANO T, OTSUKA S. Catalytic hydrogenation of nitriles and dehydrogenation of amines with the rhodium (I) hydrido compounds ［$RhH(PPr^i_3)_3$］and ［$Rh_2H_2(\mu\text{-}N_2)\{P(cyclohexyl)_3\}_4$］［J］. Journal of the Chemical Society, Chemical Communications. 1979: 870-871.

［101］CHIN C S, LEE B. Hydrogenation of nitriles with iridium-triphenylphosphine complexes［J］. Catalysis Letters, 1992, 14, 135-140.

［102］XIE X, LIOTTA C L, ECKERT C A. CO_2-Protected Amine Formation from Nitrile and Imine Hydrogenation in Gas-Expanded Liquids［J］. Industrial and Engineering Chemistry Research, 2004, 43(24): 7907-7911.

［103］ENTHALTER S, ADDIS D, JUNGE K, et al. A General and Environmentally Benign Catalytic Reduction of Nitriles to Primary Amines ［J］. Chemistry-A European Journal, 2008, 14: 9491-9494.

［104］ENTHALTER S, JUNGE K, ADDIS D, et al. A Practical and Benign Synthesis of Primary Amines through Ruthenium-Catalyzed Reduction of Nitriles［J］. ChemSusChem. 2008, 1: 1006-1010.

［105］REGUILLO R, GRELLIER M, VAUTRAVERS N, et al. Ruthenium-Catalyzed Hydrogenation of Nitriles: Insights into the Mechanism［J］. Journal of the American Chemical Society, 2010, 132: 7854-7855.

［106］BOROWSKI A F, SABO-ETIENNE S, CHRIST M L, et al. Versatile

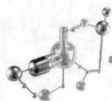

Reactivity of the Bis (dihydrogen) Complex $RuH_2(H_2)_2(PCy_3)_2$ toward Functionalized Olefins: Olefin Coordination versus Hydrogen Transfer via the Stepwise Dehydrogenation of the Phosphine Ligand [J]. Organometallics, 1996, 15: 1427-1434.

[107] BIANCHINI C, DAL SANTO V, MELI A, et al. Preparation, Characterization, and Performance of the Supported Hydrogen-Bonded Ruthenium Catalyst (sulphos) Ru (NCMe)$_3$/SiO$_2$. Comparisons with Analogous Homogeneous and Aqueous-Biphase Catalytic Systems in the Hydrogenation of Benzylideneacetone and Benzonitrile [J]. Organometallics. 2000, 19: 2433-2444.

[108] TOTI P F, SALVINI A, ROSI L, et al. Activation of single and multiple C-N bonds by Ru(II)catalysts in homogeneous phase [J]. Comptes Rendus Chimie, 2004, 7: 769-778.

[109] LI T, BERGNER I, HAQUE F N, et al. Hydrogenation of Benzonitrile to Benzylamine Catalyzed by Ruthenium Hydride Complexes with P—NH—NH—P Tetradentate Ligands: Evidence for a Hydridic-Protonic Outer Sphere Mechanism [J]. Organometallics. 2007, 26: 5940-5949.

[110] ADDIS D, ENTHALER S, JUNGE K, et al. Ruthenium N-heterocyclic carbene catalysts for selective reduction of nitriles to primary amines [J]. Terahedron Letters, 2009, 50: 3654-3656.

[111] GRELLIER M, VENDIER L, CHAUDRET B, et al. Synthesis, Neutron Structure, and Reactivity of the Bis (dihydrogen) Complex $RuH_2(\eta_2$-$H_2)_2$ (PCyp$_3$)$_2$ Stabilized by Two Tricyclopentylphosphines [J]. Journal of the American Chemical Society, 2005, 127: 17592-17593.

[112] WATSON A J A, MAXWELL A C, WILLIAMS J M J. Borrowing Hydrogen Methodology for Amine Synthesis under Solvent-Free Microwave Conditions [J]. Journal of Organic Chemistry, 2011, 76: 2328-2331.

［113］GUILLENA G, RAMÓN D J, YUS M. Alcohols as Electrophiles in C-C Bond-Forming Reactions: The Hydrogen Autotransfer Process［J］. Angewandte Chemie International Edition, 2007, 46: 2358-2364.

［114］CRABTREE R H. The Organometallic Chemistry of the Transition Metals ［M］. New York: Wiley, 1988.

［115］ROSI N L, ECKERT J, EDDAOUDI M, et al. Hydrogen Storage in Microporous Metal-Organic Frameworks［J］. Science. 2003, 300: 1127-1129.

［116］FRISCH M J T, SCHLEGEL H B, SCUSERIA G E, et al. Gaussian 09, revision C. 01［CP］; Gaussian, Inc. : Wallingford, CT, 2010.

［117］BECKE A D. Density-functional exchange-energy approximation with correct asymptotic behavior［J］. Physical Review A, 1988, 38: 3098-3100.

［118］BECKE A D. Density-functional thermochemistry. Ⅲ. The role of exact exchange［J］. Journal of Chemical Physics, 1993, 98: 5648-5652.

［119］LEE C, YANG W, PARR R G. Development of the Colle-Salvetti correlation-energy formula into a functional of the electron density［J］. Physical Review B, 1988, 37: 785-789.

［120］WADT W R, HAY P J. Ab initio effective core potentials for molecular calculations. Potentials for main group elements Na to Bi［J］. Journal of Chemical Physics, 1985, 82: 284-298.

［121］HAY P J, WADT W R. Ab initio effective core potentials for molecular calculations. Potentials for the transition metal atoms Sc to Hg［J］. Journal of Chemical Physics, 1985, 82: 270-283.

［122］GONZALEZ C, SCHLEGEL H B. An improved algorithm for reaction path following［J］. Journal of Chemical Physics, 1989, 90: 2154-2161.

［123］DUPONT J, CONSORTI C S, SPENCER J. The Potential of Palladacycles: More Than Just Precatalysts［J］. Chemical Review, 2005, 105: 2527-2572.

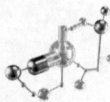

［124］TAPIA O. Solvent effect theories: Quantum and classical formalisms and their applications in chemistry and biochemistry ［J］. Journal of Mathematical Chemistry. 1992, 10: 139-181.

［125］TOMASI J, PERSICO M. Molecular Interactions in Solution: An Overview of Methods Based on Continuous Distributions of the Solvent ［J］. Chemical Review, 1994, 94: 2027-2094.

［126］SIMKIN B Y S, I. Quantum Chemical and Statistical Theory of Solutions: A Computational Approach ［M］. Chiches ter: Ellis Horwood, 1995.

［127］GRIMME S, ANTONY J, EHRLICH S, et al A consistent and accurate ab initio parametrization of density functional dispersion correction (DFT-D) for the 94 elements H-Pu ［J］. Journal of Chemical Physics, 2010, 132: 154104.

［128］NEESE F. Importance of Direct Spin-Spin Coupling and Spin-Flip Excitations for the Zero-Field Splittings of Transition Metal Complexes: A Case Study ［J］. Journal of the American Chemical Society, 2006, 128: 10213-10222.

［129］PETTERSEN E F, GODDARD T D, HUANG C C, et al. UCSF chimera-A visualization system for exploratory research and analysis ［J］. Journal of Computational Chemistry, 2004, 25: 1605-1612.

［130］LAWRENCE S A. Amines Synthesis, Properties and Applications ［M］. Cambridge: Cambridge University Press, 2006.

［131］LIU C, LIAO S, LI Q, et al. Discovery and mechanistic studies of a general air-promoted metal-catalyzed aerobic N-alkylation reaction of amides and amines with alcohols ［J］. Journal of Organic Chemistry, 2011, 76: 5759-5773.

［132］KLYUEV M V, KHIDEKEL M L. Reductive amination of carbonyl compounds in the presence of cobalt and rhodium complexes ［J］.

Transition Metal Chemistry, 1980, 5: 134-139.

［133］NAYAL O S, BHATT V, SHARMA S, et al. Chemoselective reductive amination of carbonyl compounds for the synthesis of tertiary amines using SnCl$_2$·2H$_2$O/PMHS/MeOH ［J］. Journal of Organic Chemistry, 2015, 80: 5912-5918.

［134］ISAEVA V I, KUSTOV L M. Catalytic hydroamination of unsaturated hydrocarbons ［J］. Topics in Catalysis, 2016, 59: 1196-1206.

［135］SHI Y, CISZEWSKI J T, ODOM A L. Ti (NMe$_2$)$_4$ as a precatalyst for hydroamination of alkynes with primary amines ［J］. Organometallics, 2001, 20: 3967-3969.

［136］LI H, AL-DAKHIL A, LUPP D, et al. Cobalt-catalyzed selective hydrogenation of nitriles to secondary imines ［J］. Organic Letters, 2018, 20: 6430-6435.

［137］LONG J, SHEN K, LI Y. Bifunctional N-doped Co@C catalysts for base-free transfer hydrogenations of nitriles: controllable selectivity to primary amines vs imines ［J］. ACS Catalysis, 2017, 7: 275-284.

［138］MAEGAWA T, AKASHI A, YAGUCHI K, et al. Efficient and Practical Arene Hydrogenation by Heterogeneous Catalysts under Mild Conditions ［J］. Chemistry-European Journal, 2009, 15: 6953-6963.

［139］MCALLISTER M I, BOULHO C, MCMILLAN L, et al. The hydrogenation of mandelonitrile over a Pd/C catalyst: towards a mechanistic understanding ［J］. RSC Advances, 2019, 9: 26116-26125.

［140］VILCHES-HERRERA M, WERKMEISTER S, JUNGE K, et al. Selective catalytic transfer hydrogenation of nitriles to primary amines using Pd/C ［J］. Catalysis Science and Techndogy, 2014, 4: 629-632.

［141］MONGUCHI Y, MIZUNO M, ICHIKAWA T, et al. Catalyst-Dependent Selective Hydrogenation of Nitriles: Selective Synthesis of Tertiary and

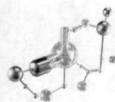

Secondary Amines [J]. Journal of Organic Chemistry, 2017, 82: 10939-10944.

[142] REGUILLO R, GRELLIER M, VAUTRAVERS N, et al. Ruthenium-Catalyzed Hydrogenation of Nitriles: Insights into the Mechanism [J]. Journal of the American Chemical Society, 2010, 132: 7854-7855.

[143] SAHA S, KAUR M, SINGH K, et al. Selective hydrogenation of nitriles to secondary amines catalyzed by a pyridyl-functionalized and alkenyl-tethered NHC-Ru (Ⅱ) complex [J]. Journal of Organometallic Chemistry, 2016, 812: 87-94.

[144] NISHIDA Y, CHAUDHARI C, IMATOME H, et al. Selective Hydrogenation of Nitriles to Secondary Imines over Rh-PVP Catalyst under Mild Conditions [J]. Chemistry Letters, 2018, 47: 938-940.

[145] ZERECERO-SILVA P, JIMENEZ-SOLAR I, CRESTANI M G, et al. Catalytic hydrogenation of aromatic nitriles and dinitriles with nickel compounds [J]. Applied Catalysis A: General, 2009, 363: 230-234.

[146] GARG J A, CHAKRABORTY S, BEN-DAVID Y, et al. Unprecedented iron-catalyzed selective hydrogenation of activated amides to amines and alcohols [J]. Chemical Communications, 2016, 52: 5285-5288.

[147] CHAKRABORTY S, LEITUS G, MILSTEIN D. Iron-Catalyzed Mild and Selective Hydrogenative Cross-Coupling of Nitriles and Amines To Form Secondary Aldimines [J]. Angewandte Chemie-International Edition, 2017, 56: 2074-2078.

[148] CHAKRABORTY S, MILSTEIN D. Selective Hydrogenation of Nitriles to Secondary Imines Catalyzed by an Iron Pincer Complex [J]. ACS Catalysis, 2017, 7: 3968-3972.

[149] CHAKRABORTY S, LEITUS G, MILSTEIN D. Selective hydrogenation of nitriles to primary amines catalyzed by a novel iron complex [J].

Chemical Communications, 2016, 52: 1812-1815.

[150] BORNSCHEIN C, WERKMEISTER S, WENDT B, et al. Mild and selective hydrogenation of aromatic and aliphatic(di)nitriles with a well-defined iron pincer complex [J]. Nature Communications, 2014, 5: 4111.

[151] LANGE S, ELANGOVAN S, CORDES C, et al. Selective catalytic hydrogenation of nitries to primary amines using iron pincer complexes [J]. Catalysis Science and Technology, 2016, 6: 4768-4772.

[152] DAI H, GUAN H. Switching the Selectivity of Cobalt-Catalyzed Hydrogenation of Nitriles [J]. ACS Catalysis, 2018, 8: 9125-9130.

[153] TOKMIC K, JACKSON B J, SALAZAR A, et al. Cobalt-Catalyzed and Lewis Acid-Assisted Nitrile Hydrogenation to Primary Amines: A Combined Effort [J]. Journal of the American Chemical Society, 2017, 139: 13554-13561.

[154] SHARMA D M, PUNJI B. Selective Synthesis of Secondary Amines from Nitriles by a User-Friendly Cobalt Catalyst [J]. Adranced Synthesis and Catalysis, 2019, 361: 3930-3936.

[155] MUKHERJEE A, SRIMANI D, CHAKRABORTY S, et al. Selective Hydrogenation of Nitriles to Primary Amines Catalyzed by a Cobalt Pincer Complex [J]. Journal of the American Chemical Society, 2015, 137: 8888-8891.

[156] SCHNEEKÖNIG J, TANNERT B, HORNKE H, et al. Cobalt pincer complexes for catalytic reduction of nitriles to primary amines [J]. Catalysis Science and Technology 2019, 9: 1779-1783.

[157] Shao Z, Fu S, Wei M, et al. Mild and Selective Cobalt-Catalyzed Chemodivergent Transfer Hydrogenation of Nitriles [J]. Angewandte Chemie-International Edition, 2016, 55: 14653-14657.

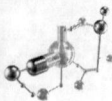

［158］Adam R, Bheeter C B, Cabrero-Antonino J R, et al. Selective Hydrogenation of Nitriles to Primary Amines by using a Cobalt Phosphine Catalyst ［J］. ChemSusChem 2017, 10: 842-846.

［159］Tang S, Milstein D. Template catalysis by manganese pincer complexes:oxa-and aza-Michael additions to unsaturated nitriles ［J］. Chemical Science, 2019, 10: 8990-8994.

［160］Garduño J A, García J J. Non-Pincer Mn(I)Organometallics for the Selective Catalytic Hydrogenation of Nitriles to Primary Amines ［J］. ACS Catalysis, 2019, 9: 392-401.

［161］Elangovan S, Topf C, Fischer S, et al. Selective Catalytic Hydrogenations of Nitriles, Ketones, and Aldehydes by Well-Defined Manganese Pincer Complexes ［J］. Journal of the American Chemical Society, 2016, 138, 8809-8814.

［162］Elangovan S, Garbe M, Jiao H, et al. Hydrogenation of Esters to Alcohols Catalyzed by Defined Manganese Pincer Complexes ［J］. Angewandte Chemie International Edition, 2016, 55, 15364-15368.

［163］Chakraborty S, Berke H. Homogeneous Hydrogenation of Nitriles Catalyzed by Molybdenum and Tungsten Amides ［J］. ACS Catalysis 2014, 4, 2191-2194.

［164］Choi J-H, Prechtl M H G. Tuneable Hydrogenation of Nitriles into Imines or Amines with a Ruthenium Pincer Complex under Mild Conditions ［J］. ChemCatChem 2015, 7, 1023-1028.

［165］Zhao Y, Truhlar D G. The M06 suite of density functionals for main group thermochemistry, thermochemical kinetics, noncovalent interactions, excited states, and transition elements:two new functionals and systematic testing of four M06-class functionals and 12 other functionals ［J］. Theoretical Chemistry Accounts, 2008, 120: 215-241.

［166］ Zhao Y, Truhlar D G. Density Functionals with Broad Applicability in Chemistry ［J］. Accounts of Chemical Research, 2008, 41, 157-167.

［167］ Hay P J, Wadt W R. Ab initio effective core potentials for molecular calculations. Potentials for K to Au including the outermost core orbitals ［J］. Journal of Physical Chemistry, 1985, 82, 299-310.

［168］ Meng E C, Pettersen E F, Couch G S, et al. Tools for integrated sequence-structure analysis with UCSF Chimera ［J］. BMC Bioinformatics, 2006, 7, 339.

［169］ Yang Z, Lasker K, Schneidman-Duhovny D, et al. UCSF Chimera, MODELLER, and IMP:an integrated modeling system ［J］. Journal of structural biology, 2012, 179, 269-278.

［170］ RAPPOPORT Z. The Chemistry of Anilines ［M］. New York: Wiley, 2007.

［171］ CHEN B, DINGERDISSEN U, KRAUTER J G E, et al. New developments in hydrogenation catalysis particularly in synthesis of fine and intermediate chemicals ［J］. Applied Catalysis A: General, 2005, 280(1-2): 17-46.

［172］ AGRAWAL A, TRATNYEK P G. Reduction of nitro aromatic compounds by zero-valent iron metal ［J］. Environmental Science & Technology, 1996, 30(1): 153-160.

［173］ DEVLIN J F, KLAUSEN J, SCHWARZENBACH R P. Kinetics of nitroaromatic reduction on granular iron in recirculating batch experiments ［J］. Environmental Science & Technology, 1998, 32(10): 1941-1947.

［174］ LAVINE B K, AUSLANDER G, RITTER J. Polarographic studies of zero-valent iron as a reductant for remediation of nitroaromatics in the environment ［J］. Microchemical Journal, 2001, 70(1): 69-83.

［175］ CHOE S, LEE S H, CHANG Y Y, et al. Rapid reductive destruction of hazardous organic compounds by nanoscale Fe0 ［J］. Chemosphere, 2001,

42(4): 367-372.

［176］RODE C V, VAIDYA M J, CHAUDHARI R V. Synthesis of p-Aminophenol by catalytic hydrogenation of nitrobenzene ［J］. Organic Process Research & Development, 1999, 3(3): 465-470.

［177］DIAO S, QIAN W, LUO G, et al. Gaseous catalytic hydrogenation of nitrobenzene to aniline in a two-stage fluidized bed reactor ［J］. Applied Catalysis A: General, 2005, 286(1-2): 30-35.

［178］BOUCHENAFA-SAÏB N, GRANGE P, VERHASSELT P, et al. Effect of oxidant treatment of date pit active carbons used as Pd supports in catalytic hydrogenation of nitrobenzene ［J］. Applied Catalysis A: General, 2005, 286(1-2): 167-174.

［179］DELAUNOIS C, GRAEVE W. Investigation of the ammoniation of phenols under pressure ［J］. Journal of Chemical Society, Perkin Transactions 2, 1974, 2: 133-151.

［180］HAGEMEYER A, BORADE R, DESROSIERS P, et al. Application of combinatorial catalysis for the direct amination of benzene to aniline ［J］. Applied Catalysis A: General, 2002, 227: 43-61.

［181］DESROSIERS P, GUAN S H, HAGEMEYER A, et al. Application of combinatorial catalysis for the direct amination of benzene to aniline ［J］. Catalysis Today, 2003, 81: 319-328.

［182］BAER E, TOSONI A L. Formation of symmetric azo-compounds from primary aromatic amines by lead tetraacetate ［J］. Journal of the American Chemical Society, 1956, 78: 2857-2858.

［183］KUTTER M F, SCHMID P P, SIMON W. The formation of amines in the analytical pyrolysis of nitro and azo compounds ［J］. Analytica Chimica Acta, 1980, 118: 227-231.

［184］KIRA M, NAGAI S, NISHIMURA M, et al. Novel syntheses of bis(trialkylsilyl)amines by reductive trialkylsilylation of azo compounds [J]. Chemical Letters, 1987, 16: 153-156.

[185] YU X H, MA X J, JIN S P, et al. Novel and efficient hydrogenative cleavage of azo compounds to amine(s)using chitosan-supported formate and magnesium [J]. Synthetic Communications, 2014, 44: 707-713.

[186] HAN Y Q, YU X H, XU L, et al. Catalytic transfer reductive cleavage of azo compounds to amines using chitosan-supported formate and zinc [J]. Journal of Chemical Research, 2013, 37: 55-56.

[187] PAUL B, CHAKRABARTI K, SHEE S, et al. A simple and efficient in situ generated ruthenium catalyst for chemoselective transfer hydrogenation of nitroarenes: kinetic and mechanistic studies and comparison with iridium systems [J]. RSC Advances, 2016, 6: 100532-100545.

[188] GUILLAMÓN E, OLIVA M, ANDRÉS J, et al. Catalytic hydrogenation of azobenzene in the presence of a cuboidal Mo3S4 cluster via an uncommon sulfur-based H2 activation mechanism [J]. ACS Catalysis, 2021, 11: 608-614.

[189] PEDRAJAS E, SORRIBES I, JUNGE K, et al. A mild and chemoselective reduction of nitro and azo compounds catalyzed by a well-defined Mo3S4 Cluster bearing diamine ligands [J]. ChemCatChem, 2015, 7: 2675-2681.

[190] DUNN N L, HA M, RADOSEVICH A T. Main Group Redox Catalysis: Reversible PIII/PV redox cycling at a phosphorus platform [J]. Journal of the American Chemical Society, 2012, 134: 11330-11333.

[191] TOTI A, FREDIANI P, SALVINI A, et al. Hydrogenation of single and multiple N—N or N—O bonds by Ru(Ⅱ) catalysts in homogeneous phase [J]. Journal of Organometallic Chemistry, 2005, 690: 3641-3651.

[192] JI P, MANNA K, LIN Z, et al. Single-site cobalt catalysts at new

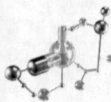

$Zr_{12}(\mu^3\text{-}O)8(\mu^3\text{-}OH)8(\mu^2\text{-}OH)_6$ metal-organic framework nodes for highly active hydrogenation of nitroarenes, nitriles, and isocyanides [J]. Journal of the American Chemical Society, 2017, 139: 7004-7011.

[193] PRASAD H S, GOWDA S, ABIRAJ K, et al. Catalytic transfer hydrogenation of azo compounds to hydrazo compounds using inexpensive commercial zinc dust and hydrazinium monoformate [J]. Synthesis and Reactivity in Inorganic, Metal-Organic, and Nano-Metal Chemistry, 2003, 33: 717-724.

[194] PRASAD H S, GOWDA S, CHANNE GOWDA D. Facile transfer hydrogenation of azo compounds to hydrazo compounds and anilines by using Raney nickel and hydrazinium monoformate [J]. Synthetic Communications, 2004, 34: 1-10.

[195] KALLMEIER F, IRRGANG T, DIETEL T, et al. Highly active and selective manganese $C=O$ bond hydrogenation catalysts: the importance of the multidentate ligand, the ancillary ligands, and the oxidation state [J]. Angewandte Chemie International Edition, 2016, 55: 11806-11809.

[196] DAS U K, JANES T, KUMAR A, et al. Manganese catalyzed selective hydrogenation of cyclic imides to diols and amines [J]. Green Chemistry, 2020, 22: 3079-3082.

[197] DAS U K, KAR S, BEN-DAVID Y, et al. Manganese catalyzed hydrogenation of azo $(N=N)$ bonds to amines [J]. Advanced Synthesis & Catalysis, 2021, 363(11): 3744-3749.

[198] WANG Y, ZHU L, SHAO Z, et al. Unmasking the ligand effect in manganese-catalyzed hydrogenation: Mechanistic insight and catalytic application [J]. Journal of the American Chemical Society, 2019, 141(43): 17337-17349.

[199] ADAMO C, BARONE V. Toward reliable density functional methods

without adjustable parameters: The PBE0 model [J]. Journal of Chemical Physics, 1999, 110(12): 6158-6170.

[200] ADAMO C, SCUSERIA G E, BARONE V. Accurate excitation energies from time-dependent density functional theory: Assessing the PBE0 model [J]. Journal of Chemical Physics, 1999, 111(7): 2889-2899.

[201] ADAMO C, BARONE V. Toward chemical accuracy in the computation of NMR shieldings: The PBE0 model [J]. Chemical Physics Letters, 1998, 298(1-2): 113-119.

[202] DOLG M, WEDIG U, STOLL H, et al. Energy-adjusted ab initio pseudopotentials for the first row transition elements [J]. Journal of Chemical Physics, 1987, 86(2): 866-872.

[203] XIAO M L. Generalized Charge Decomposition Analysis (GCDA) method [J]. Journal of Advanced Physical Chemistry, 2015, 4(1): 111-124.

[204] LU T, CHEN F. Multiwfn: A multifunctional wavefunction analyzer [J]. Journal of Computational Chemistry, 2012, 33(6): 580-592.

[205] SEBASTIAN S, SUNDARAGANESAN N. The spectroscopic(FT-IR, FT-IR gas phase, FT-Raman and UV) and NBO analysis of 4-hydroxypiperidine by density functional method [J]. Spectrochimica Acta Part A: Molecular and Biomolecular Spectroscopy, 2010, 75(5): 941-952.

[206] PURSER S, MOORE P R, SWALLOW S, et al. Fluorine in medicinal chemistry [J]. Chemical Society Reviews, 2008, 37(2): 320-330.

[207] BÖHM H-J, BANNER D, BENDELS S, et al. Fluorine in medicinal chemistry [J]. ChemBioChem, 2004, 5(5): 637-643.

[208] KIRK K L. Fluorination in medicinal chemistry: Methods, strategies, and recent developments [J]. Organic Process Research & Development, 2008, 12(2): 305-321.

[209] KLAUS M, CHRISTOPH F, FRANÇOIS D. Fluorine in pharmaceuticals:

Looking beyond intuition [J]. Science, 2007, 317(5846): 1881-1886.

[210] 王秀丽，付聪丽，余先巍，等. 含氟丙烯酸酯共聚物表面性能的稳定化研究 [J]. 化学研究与应用，2019，31：65-71.

[211] FURUYA T, KUTTRUFF C A, RITTER T. Carbon-fluorine bond formation [J]. Current Opinion in Drug Discovery & Development, 2008, 11: 803-819.

[212] HOLLINGWORTH C, GOUVERNEUR V. Transition metal catalysis and nucleophilic fluorination [J]. Chemical Communications, 2012, 48(24): 2929-2942.

[213] FURUYA T, KAMLET AS, RITTER T. Catalysis for fluorination and trifluoromethylation [J]. Nature, 2011, 473: 470-477.

[214] BRAUN M G, DOYLE A G. Palladium-catalyzed allylic C—H fluorination [J]. Journal of the American Chemical Society, 2013, 135(35): 12990-12993.

[215] MA J A, LI S. Catalytic fluorination of unactivated C(sp3)-H bonds [J]. Organic Chemistry Frontiers, 2014, 1(6): 712-715.

[216] ZHANG Q, MIXDORF J C, REYNDERS G J, et al. Rhodium-catalyzed benzylic fluorination of trichloroacetimidates [J]. Tetrahedron, 2015, 71(35): 5932-5938.

[217] LIU W, GROVES J T. Manganese-catalyzed C—H halogenation [J]. Accounts of Chemical Research, 2015, 48(6): 1727-1735.

[218] XIA J B, MA Y, CHEN C. Vanadium-catalyzed C(sp3)-H fluorination reactions [J]. Organic Chemistry Frontiers, 2014, 1(5): 468-472.

[219] RUEDA-BECERRIL M, MAHÉ O, DROUIN M, et al. Direct C—F bond formation using photoredox catalysis [J]. Journal of the American Chemical Society, 2014, 136(6): 2637-2641.

[220] HUANG X, LIU W, REN H, et al. Late stage benzylic C—H fluorination

with［18F］fluoride for PET imaging［J］. Journal of the American Chemical Society, 2014, 136(19): 6842-6845.

［221］ WU J. Review of recent advances in nucleophilic C—F bond-forming reactions at sp3 centers［J］. Tetrahedron Letters, 2014, 55(31): 4289-4294.

［222］ LIU W, GROVES J T. Manganese-catalyzed oxidative benzylic C—H fluorination by fluoride ions［J］. Angewandte Chemie International Edition, 2013, 52: 6024-6027.

［223］ KALOW J A, DOYLE A G. Enantioselective ring opening of epoxides by fluoride anion promoted by a cooperative dual-catalyst system［J］. Journal of the American Chemical Society, 2010, 132(10): 3268-3269.

［224］ KATCHER M H, DOYLE A G. Palladium-catalyzed asymmetric synthesis of allylic fluorides［J］. Journal of the American Chemical Society, 2010, 132(49): 17402-17404.

［225］ KATCHER M H, SHA A, DOYLE A G. Palladium-catalyzed regio-and enantioselective fluorination of acyclic allylic halides［J］. Journal of the American Chemical Society, 2011, 133(40): 15902-15905.

［226］ LAUER A M, WU J. Palladium-catalyzed allylic fluorination of cinnamyl phosphorothioate esters［J］. Organic Letters, 2012, 14(19): 5138-5141.

［227］ KWIATKOWSKI P, BEESON T D, CONRAD J C, et al. Enantioselective organocatalytic α-fluorination of cyclic ketones［J］. Journal of the American Chemical Society, 2011, 133(6): 1738-1741.

［228］ HOLLINGWORTH C, HAZARI A, HOPKINSON M N, et al. Palladium-catalyzed allylic fluorination［J］. Angewandte Chemie International Edition, 2011, 50(11): 2613-2617.

［229］ BLOOM S, PITTS C R, MILLER D C, et al. A polycomponent metal-catalyzed aliphatic, allylic, and benzylic fluorination［J］. Angewandte Chemie International Edition, 2012, 51(42): 10580-10583.

［230］BLOOM S, SHARBER S A, HOLL M G, et al. Metal-catalyzed benzylic fluorination as a synthetic equivalent to 1, 4-conjugate addition of fluoride ［J］. Journal of Organic Chemistry, 2013, 78(21): 11082-11086.

［231］DE VISSER S P, OGLIARO F, SHARMA P K, et al. What factors affect the regioselectivity of oxidation by cytochrome P450?A DFT study of allylic hydroxylation and double bond epoxidation in a model reaction ［J］. Journal of the American Chemical Society, 2002, 124(39): 11809-11826.

［232］DE VISSER S P. Trends in substrate hydroxylation reactions by heme and nonheme iron(IV)-oxo oxidants give correlations between intrinsic properties of the oxidant with barrier height ［J］. Journal of the American Chemical Society, 2010, 132(3): 1087-1097.

［233］KAMACHI T, YOSHIZAWA K. A theoretical study on the mechanism of camphor hydroxylation by compound I of cytochrome P450［J］. Journal of the American Chemical Society, 2003, 125(15): 4652-4661.

［234］ZHANG X, XU H, LIU X, et al. Mechanistic insight into the intramolecular benzylic C—H nitrene insertion catalyzed by bimetallic paddlewheel complexes: Influence of the metal centers ［J］. Chemistry—A European Journal, 2016, 22(21): 7288-7297.

［235］LIU W, HUANG X, CHENG M J, et al. Oxidative aliphatic C—H fluorination with fluoride ion catalyzed by a manganese porphyrin ［J］. Science, 2012, 337(6100): 1322-1325.

［236］NICKON A, FIESER L F. Configuration of Tropine and Pseudotropine［J］. Journal of the American Chemical Society, 1952, 74(20): 5566-5570.

［237］JIA Q, CAI T, HUANG M, et al. Isoform-Selective Substrates of Nitric Oxide Synthase ［J］. Journal of Medicainal Chemistry, 2003, 46(11): 2271-2274.

［238］STEPHENS R W, DOMEIER L A, TODD M G, et al. N-Cyanoimides:

reactivity studies with amine nucleophiles [J]. Tetrahedron Lett. , 1992, 33(6): 733-736.

[239] FALGUEYRET J P, OBALLA R M, OKAMOTO O, et al. Novel, Nonpeptidic Cyanamides as Potent and Reversible Inhibitors of Human Cathepsins K and L [J]. Journal of Medicainal Chemistry, 2001, 44(1): 94-104.

[240] ATWAL K S, GROVER G J, AHMED S Z, et al. Cardioselective Anti-Ischemic ATP-Sensitive Potassium Channel Openers. 3. Structure-Activity Studies on Benzopyranyl Cyanoguanidines; Modification of the Cyanoguanidine Portion [J]. Journal of Medicainal Chemistry, 1995, 38(21): 3236-3245.

[241] MCCALL J M, TENBRINK R E, URSPRUNG J J. New approach to triaminopyrimidine N-oxides [J]. Journal of Organic Chemistry, 1975, 40(16): 3304-3306.

[242] HU L Y, GUO J, MAGAR S S, et al. Synthesis and Pharmacological Evaluation of N-(2, 5-Disubstituted phenyl)-N'-(3-substituted phenyl)-N'-methylguanidines As N-Methyl-d-aspartate Receptor Ion-Channel Blockers [J]. Journal of Medicinal Chemistry, 1997, 40(21): 4281-4289.

[243] BRATSOS I, URANKAR D, ZANGRANDO E, et al. 1-(2-Picolyl)-substituted 1, 2, 3-triazole as novel chelating ligand for the preparation of ruthenium complexes with potential anticancer activity [J]. Dalton Transactions, 2011, 40(10): 5188-5199.

[244] KAMIJO S, JIN T, YAMAMOTO Y. Novel Synthetic Route to Allyl Cyanamides: Palladium-Catalyzed Coupling of Isocyanides, Allyl Carbonate, and Trimethylsilyl Azide[J]. Journal of the American Chemical Society, 2001, 123(30): 9453-9454.

[245] KAMIJO S, YAMAMOTO Y. Synthesis of Allyl Cyanamides and

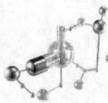

N-Cyanoindoles via the Palladium-Catalyzed Three-Component Coupling Reaction [J]. Journal of the American Chemical Society, 2002, 124(22): 11940-11945.

[246] KIM Y J, JOO Y S, HAN J T, et al. Synthesis, structures and properties of bis(carbodiimido)complexes of Ni(ii), Pd(ii)and Pt(ii) [J]. Journal of the Chemical Society Dalton Transactions, 2002, (15): 3611-3618.

[247] BECK W, BURGER K, FEHLHAMMER W P. Zur Reaktion von Azido-Metallverbindungen mit Isonitrilen: Tetrazolato-Komplexe mit Metall-Kohlenstoff-Bindung [J]. Chemische Berichte, 1971, 104(5): 1816-1825.

[248] BECK W, FEHLHAMMER W P. Ligand Addition and Redox Reactions of Azido-Metal Complexes [J]. Angewandte Chemie International Edition, 1967, 6(4): 169-170.

[249] CHANG X, KIM M Y, KIM Y J, et al. Dinuclear palladium-azido complexes containing thiophene derivatives: reactivity toward organic isocyanides and isothiocyanates [J]. Dalton Transactions, 2007, (6): 792-801.

[250] KIM Y J, LEE K E, JEON H T, et al. Bis(phosphine)Pd(II)-azido complexes containing heterocyclic ligands: Reactivity toward organic isocyanides [J]. Inorganica Chimica Acta. , 2008, 361(7): 2159-2165.

[251] KIM Y J, KWAK Y S, JOO Y S, et al. Reactions of palladium (ii) and platinum (ii) bis (azido) complexes with isocyanides: synthesis and structural characterization of palladium (ii) and platinum (ii) complexes containing carbodiimido (or bis (carbodiimido)) and bis (tetrazolato) ligands [J]. Journal of the Chemical Society Dalton Transaction, 2002, (1): 144-151.

[252] KIM Y J, KWAK Y S, LEE S W. Synthesis and properties of arylpalladium (II) azido complexes PdAr(N$_3$)(PR$_3$)$_2$. Nucleophilic reactions of the azido ligand with CO and with isocyanides to afford Pd(II)isocyanate,

C-tetrazolate and carbodiimide complexes [J]. Journal of Organometallic Chemistry, 2000, 603(2): 152-160.

[253] LI J F, KUAI W Y, LIU W P, et al. A Sandwich Zwitterionic Ruthenium Complex Bearing a Cyanamido Group [J]. Organometallics, 2013, 32(12): 4050-4053.

[254] PEVERATI R, TRUHLAR D G. Improving the Accuracy of Hybrid Meta-GGA Density Functionals by Range Separation [J]. Journal of Physical Chemistry Letters, 2011, 2(20): 2810-2817.

[255] HAY P J, WADT W R. Ab initio effective core potentials for molecular calculations. Potentials for K to Au including the outermost core orbitals [J]. Journal of Physical Chemistry, 1985, 82(3): 299-310.

[256] GONZALEZ C, SCHLEGEL H B. Reaction path following in mass-weighted internal coordinates [J]. Journal of Physical Chemistry, 1990, 94(14): 5523-5527.

[257] MIERTUŠ S, SCROCCO E, TOMASI J. Electrostatic interaction of a solute with a continuum. A direct utilization of AB initio molecular potentials for the prediction of solvent effects [J]. Chemical Physics, 1981, 55(2): 117-129.

[258] PASCUAL-AHUIR J L, SILLA E, TOMASI J, et al. Electrostatic interaction of a solute with a continuum. Improved description of the cavity and of the surface cavity bound charge distribution [J]. Journal of Computational Chemistry, 1987, 8(5): 778-787.

[259] FLORIS F, TOMASI J. Evaluation of the dispersion contribution to the solvation energy. A simple computational model in the continuum approximation [J]. Journal of Computational Chemistry, 1989, 10(5): 616-627.

[260] FRISCH M J, TRUCKS G W, SCHLEGEL H B, et al. Gaussian 09, Revision C. 01 [CP]. Wallingford, CT: Gaussian, 2009.